木质与构造材料

汤留泉　编著

中国建筑工业出版社年度品牌巨献·重点策划出版项目·聚集国内一线装饰材料专家

包容市场上能买到的**180种**家装材料，附含**1800张**实景图片

指明材料**名称、特性、规格、价格、使用范围**

重点分析材料的**选购技巧**与**施工要点**，揭开**装修内幕**

中国建筑工业出版社

图书在版编目（CIP）数据

木质与构造材料／汤留泉编著．—北京：中国建筑工业出版社，2014.6

（家装材料选购与施工指南系列）

ISBN 978-7-112-16550-6

Ⅰ．①木…　Ⅱ．①汤…　Ⅲ．①住宅－室内装修－装修材料－基本知识　Ⅳ．①TU56

中国版本图书馆CIP数据核字（2014）第046266号

责任编辑：孙立波　白玉美　率　琦
责任校对：李美娜　党　蕾

家装材料选购与施工指南系列
木质与构造材料
汤留泉　编著

*

中国建筑工业出版社出版、发行（北京西郊百万庄）

各地新华书店、建筑书店经销

北京锋尚制版有限公司制版

北京画中画印刷有限公司印刷

*

开本：880×1230毫米　1/32　印张：4½　字数：130千字

2014年6月第一版　2014年6月第一次印刷

定价：30.00元

ISBN 978 - 7 - 112 - 16550 - 6

（25293）

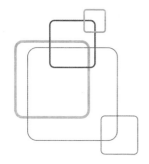

前　言

　　家居装修向来是件复杂且必不可少的事情，每个家庭都要面对。解决装修中的诸多问题需要一定的专业技能，其中蕴含着深奥的学问。本书对繁琐且深奥的装饰进行分解，化难为易，为广大装修业主提供切实有效的参考依据。

　　家居装修的质量主要是由材料与施工两方面决定的，而施工的主要媒介又是材料，因此，材料在家居装修质量中占据着举足轻重的地位，但不少装修业主对材料的识别、选购、应用等知识一直感到很困惑，如此复杂的内容不可能在短期内完全精通，甚至粗略了解一下都需要花费不少时间。本书正是为了帮助装修业主快速且深入地掌握装修材料而推出的全新手册，为广大装修业主学习家装材料知识提供了便捷的渠道。

　　现代家装材料品种丰富，装修业主在选购之前应该基本熟悉材料的名称、工艺、特性、用途、规格、价格、鉴别方法7个方面的内容。一般而言，常用的装修材料都会有2~3个名称，选购时要分清学名与商品名，本书正文的标题均为学名，对于多数材料在正文中同时也给出了商品名。了解材料的工艺与特性能够帮助装修业主合理判断材料的质量、价格与应用方法，避免错买材料造成不必要的麻烦。了解材料用途、规格能够帮助装修业主正确计算材料的用量，不至于造成无端的浪费。材料的价格与鉴别方法是本书的核心。为了满足全国各地业主的需求，每种材料都会给出一定范围的参考价格，业主可以根据实际情况选择不同档次的材料。鉴别方法主要是针对用量大且价格高的材料，介绍实用的选购技巧，操作简单，实用性强，在不破坏材料的前提下，能够基本满足实践要求。

　　本套书的编写耗时3年，所列材料均为近5年来的主流产品，具有较强的指导意义，在编写过程中得到了以下同仁提供的资料，在此表示衷心感谢，如有不足之处，望广大读者批评、指正。

编著者

2014年2月

本书由以下同仁参与编写（排名不分先后）

鲍　莹　边　塞　曹洪涛　曾令杰　付　洁　付士苔　霍佳惠
贺胤彤　蒋　林　王靓云　吴　帆　孙双燕　刘　波　李　钦
卢　丹　马一峰　秦　哲　邱丽莎　权春艳　祁炎华　李　娇
孙莎莎　吴程程　吴方胜　赵　媛　朱　莹　孙未靖　刘艳芳
高宏杰　祖　赫　柯　宇　李　恒　李吉章　刘　敏　唐　茜
万　阳　施艳萍

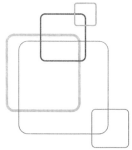

目　录

第一章　木质材料 …………………… **7**

　　木材是装饰材料中使用最为频繁的材料，本章列举了目前国内市场上能够购买到的所有装修木质材料，详细讲解了材料的选购知识，帮助设计师、装修业主进行正确的选购。

第二章　塑料材料 ………………… **43**

　　塑料材料成本较低，花色品种多，在现代家居装修中使用的频率越来越高。鉴别塑料材料主要关注外表覆膜层，此外，产品表面与边缘的质量也是重点。

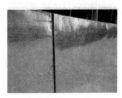

第三章　金属材料 ···················· **67**

> 金属材料价格较高，选购金属材料的关键在于认清材质名称、观察材料厚度、辨析饰面涂层。同时，在装修中也不能完全依赖金属材料，避免因价格过高造成不必要的浪费。

第四章　复合材料 ··················· **111**

> 复合材料具备多种材料的性能优势，能够取长补短，选用复合材料需要配置坚硬的承载体，并添加柔软材料作为补充，使其同时具备多种优势。

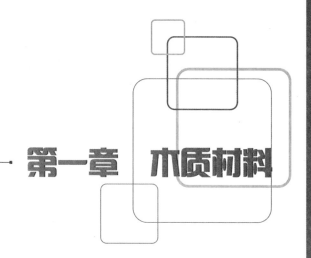

第一章　木质材料

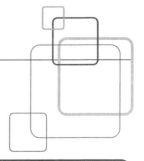

第一章　木质材料

　　木材是装饰材料中使用最为频繁的材料，工厂将各种质地的原木加工成不同规格的型材，便于运输、设计、加工、保养等各个环节。由于木质材料的门类多，为了保证设计效果与装修品质，在选购时需要掌握大量经验。本章列举了目前国内市场上能够购买到的所有装修木质材料，详细讲解了材料的选购知识，帮助设计师、装修业主进行正确的选购。

一、原木

　　原木是指按尺寸、形状、质量等规定截成一定长度的木段，在家居装修中，原木常被进一步加工成木龙骨、木板或其他预制规格的木料产品。原木材料的种类很多，如榉木（图1-1）、松木、杉木（图1-2）、椴木等树种均可被加工成原木，常用于庭院围栏、木质家具、吊顶隔墙龙骨、墙裙基层、门窗套等部位，表面可以继续覆盖其他装饰材料，或经过打磨后直接涂饰木器漆。

1. 原木的种类

　　原木按树种一般分为针叶树与阔叶树两类（表1-1）。

　　1）针叶树

　　针叶树材又被称为软质木材，主要是指针叶树种的木材，如红松、白松、马尾松、美国花旗松、杉木、柏木等。树干通直而高大，质地轻

图1-1　榉木家具

图1-2　杉木窗扇

软且易于加工，胀缩变形较小，天然树脂多，比较耐腐蚀，可以用作各种承重构件或外表装饰构件。

2）阔叶树

阔叶树材又称为硬质木材，主要是指阔叶树种的木材，如水曲柳、

木质材料的种类及特性表 表1-1

树种	特 性
红 松	材质轻软，力学强度适中，干燥性、弹性、加工性较好，易于胶结，不易龟裂变形，用于高级装饰的木结构骨架
白 松	材质轻软，力学强度较低，弹性较好，变形量较小，易于胶结，加工性较好，但不易刨光，用于一般木结构骨架
混合针叶松	材质较重，硬度中等，力学强度高，抗弯力大，耐磨、耐水性强，干缩性大，易翘曲变形，加工性能不好，着钉时易开裂，不易胶结，用于一般木结构骨架
马尾松	材质硬度中等，力学强度较高，着钉力较强，易翘曲变形，加工性能中等，胶结性能不良，用于低级装饰木结构骨架
美国花旗松	材质略重，硬度中等，干燥性能良好，不易龟裂变形，加工性能良好，易于胶结，着钉性能较good，用于中、高级装饰木结构骨架
杉 木	材质轻，力学强度适中，干燥性能良好，加工性能较好，耐腐朽，不易变形，而且耐久性强，多用于地板、格栅顶棚、结构造型的木骨架
椴 木	材质较轻软，加工性能较好，不易变形，不易开裂，胶结性能良好，耐水性较差，不耐腐蚀，多用于装饰格栅、造型的木骨架
水曲柳	材质略重而硬，纹理直，花纹美观，干燥性能适中，耐腐耐水性好，易加工，韧性大，胶结、油漆、着色等性能较好
柞 木	材质重硬，纹理直或斜，耐水耐腐蚀性强，切削面光滑，耐磨损，油漆、着色性能良好，易开裂翘曲，加工较困难，不易胶结
东北榆木	材质较硬，纹理直，花纹美丽，加工性能良好，油漆和胶结容易，干燥性能不好，易开裂和翘曲
桦 木	材质略重而硬，木质结构细，力学强度大，富有弹性，加工性能良好，切削面光滑，油漆性能良好，易开裂及翘曲，不耐腐蚀
柚 木	材质坚硬，纹理直或斜，木质结构略粗，易加工，耐磨损，耐久性强，干燥收缩率小，不易变形，油漆着色性能良好

续表

树　种	特　　　性
红　木	材质坚硬而重，纹理斜，切削面光滑，耐磨损耐久性强，油漆着色性适中，胶结性较差，加工困难
核桃木	力学强度中等，富有韧性，加工性能好，干燥不易变形，耐腐蚀，油漆着色性能良好
楠　木	材质硬度适中，细致光滑，加工性能好，耐腐性较好，油漆着色性良好，干燥时有翘曲现象
洋杂木	洋杂木是指从印度尼西亚、泰国等进口的材质较硬、木质较好的非红木类木材，耐磨、耐腐，加工性能好

柞木、橡木、榉木、核桃木、桦木、榆木、椴木、柚木、楠木、红木等。阔叶树的质地比较坚硬，较耐磨，有美丽的纹理和光泽，但多数难以得到较长的通直木材，加工较为困难，容易受干湿变化的影响从而引起胀缩变形、翘曲、开裂，故而主要用于室内饰面装饰、家具制作及胶合板贴面等。

2. 原木的性能

1）含水率

原木中的水分主要有自由水与附着水两种。当潮湿的原木水分蒸发时，首先蒸发自由水，因此自由水仅对原木的密度、干燥等有影响，但是对其他性能并无太大影响。附着水存在于细胞壁中，它是影响原木性能的主要因素。未经过干燥加工的原木含水率以附着水为基准，一般为20%～30%，经过干燥加工后形成的最终产品，其含水率一般在9%～16%之间（图1-3）。

2）传导性

原木是多孔性物质，其孔隙充满了空气。由于空气的导热系数很小，所以原木的隔热性能良好。原木的导热系数会随着含水率的增高而增大，含水率越低，导热系数越小。同样，原木的导电性也很小，在全干状态或含水率很低时，原木是绝缘体，所以常用作木质墙裙、墙面局部装饰板、电气设备接线板等。而有些年轮均匀、材质致密、纹理通直的原木，具有良好的共振性，故而不适合作为隔声材料。

3）强度

原木的抗压强度、抗拉强度、抗剪切强度都随着受力方向的不同而具有很大区别，如果不考虑原木的木节、裂纹、腐朽、虫害、弯曲、斜纹、髓心等瑕疵，按强度大小排列为：顺纹抗拉强度、弯曲强度、顺纹抗压强度、横纹抗剪切强度、顺纹抗剪切强度、横纹抗压强度、横纹抗拉强度。当然，原木或多或少都存在着缺陷，这些瑕疵通常对抗拉强度的影响比较大。

采用木板制作装饰构造，间隔200～300mm就要采用钉子固定，采用木龙骨制作吊顶、隔墙时，间隔400～500mm就要将其加工成开口方，采取纵横交错的方式将木龙骨相互穿插作固定，这些都是为了提高原木的强度，防止变形（图1-4）。

4）防腐与防火

原木材料腐朽的原因主要在于三菌一虫（霉菌、变色菌、腐朽菌、昆虫），它们能腐蚀原木的表面、细胞腔与细胞壁，使其腐朽变坏。将木质骨架置于通风、干燥处或浸没在水中或深埋于地下等方法都可以防腐。例如，安装架空木地板时，应该在木龙骨的侧面开设通风口，此外，也可以使用化学防腐剂涂刷木龙骨表面。

原木的易燃性也是其主要的缺点之一。原木防火处理的目的是提高木材的耐火性，使之不易燃烧，而不是能让原木永远不会燃烧。常用的防火处理方法是在原木的表面涂施防火涂料或防火剂（如铵氟合剂、氨基树脂等），对原木进行浸渍处理，能起到既防火又防腐的双重作用（图1-5）。

图1-3　木材水分测试仪

图1-4　木龙骨构造

3. 原木的应用

1）产品规格

没有经过干燥加工过的原木规格各异，尤其是进口原木，甚至带有树皮，只是被裁切为1～3m／段，不能直接用于家居装修，需要进一步加工，如脱皮、干燥等。

而成品原木常被加工成各种规格的木龙骨、木板，这也是在装修材料市场或超市里能够直接购买到的成品材料。木龙骨要根据使用部位不同而采取不同尺寸的截面，用于室内吊顶（图1-6）、隔墙的主龙骨截面尺寸为50mm×70mm或60mm×60mm，而次龙骨截面尺寸为40mm×60mm或50mm×50mm。用于轻质扣板吊顶或实木地板铺设的龙骨截面尺寸为30mm×40mm或25mm×30mm。木龙骨的长度主要有3m与6m两种，其中3m长的产品截面尺寸较小。30mm×40mm的木龙骨价格为1.5～2元／m。

2）识别方法

在选购成品木龙骨时应该注意质量，可以通过以下方法进行识别。

首先，需要特别注意的是木龙骨在加工制作时分为足寸与虚寸两种。足寸是实际成品的尺度规格，而虚寸是型材定制设计时的规格，木龙骨在加工锯切时所损耗的锯末也包括在设计尺寸中，这也是商家所标称的规格，因而虚寸比足寸要大，例如，虚寸为50mm×70mm的木龙骨，足寸可能只有46mm×63mm左右。

其次，注意干燥工艺，成品木龙骨一般分为烘干（图1-7）与风干（图1-8）两种，其中烘干木方表面呈交替的深浅色彩，深色为烘干时

图1-5　涂刷防火涂料

图1-6　吊顶构造

图1-7　烘干龙骨　　　　　　　　　　　图1-8　风干龙骨

的架空部位，浅色为叠压部位，这种干燥工艺质量稳定，而风干木方的表面均为同种颜色，可能存在干燥不均的现象，最终在施工中容易导致变形或开裂。

再次，要仔细观察表面的色彩、纹理、结疤、湿度4个方面的质量。优质产品的色彩应该均衡、饱和，不能有灰暗甚至霉斑存在，纹理应该清晰、自然，年轮色彩对比强烈，甚至锐利，如有结疤则中央不能存在明显开裂。

最后，测试含水率，可以抽出包装中央或下部的材料，迅速用干燥的纸巾将其包裹2～3层，用手紧握10～20s后打开，以没有任何潮湿为佳，也可以采用电子水分检测仪检测。我国南方地区原木的含水率为12%～16%，北方地区为9%～12%，过高或过低都会影响正常使用。

3）施工方法

原木与木龙骨在运输至施工现场后应放置7d左右，让木料充分吸收施工现场的水分，适应施工环境的湿度，保证在施工过程中能够保持稳定的性能，不会产生较大变形。

切割木料的切割机应该架设在操作平台台板的下部，操作平台可以采用木芯板与木龙骨制作。裁切木料都应该在操作平台上施工，尽量不采取手持切割机的方式施工，这样不仅能够保证切割的精确性，还能够提升施工的安全性。经过切割的木料应该尽快用于构造制作，防止过度受潮而发生变形。现代家居装修中的木质构造应该采用钉接、胶接、榫接相结合的形式制作，不能单一使用其中一种结合方式，以防不牢固。

二、指接板

指接板又被称为机拼实木板，由多块经过干燥、裁切成型的实木板拼接而成，上下无须粘压单薄的夹板，由于竖向木板之间采用锯齿状接口，类似手指交叉对接，故称为指接板（图1-9）。

指接板的各向抗弯压强度较为平均，板材常用松木、杉木、桦木、杨木等树种制作，其中以杨木、桦木为最好，质地密实，木质不软不硬，握钉力强，不易变形。指接板的性能相对稳定，强度为天然实木的1～1.5倍。指接板表面平整，物理性能与力学性能良好，具有质坚、吸声、绝热等特点，而且含水率不高，在10%～13%之间，加工简便。目前大量用于家居装修中，指接板在制作过程中，可以保留自身所固有的天然纹理，也可以根据设计需要制作外部贴面，指接板在生产过程中的用胶量比传统木芯板少得多，因此是较木芯板更环保的一种板材（图1-10），目前已经有很多装修业主乐于选用指接板替代木芯板。

单层指接板一般不用于制作柜门，尤其是宽度＞300mm，长度＞600mm的柜门，大幅面板材无支撑而单独使用的容易发生变形。此外，由于指接板没有上下层的单板压合，因此在施工时应该尽量少用木钉、气排钉固定，防止钉子直接嵌入木质纤维后发生松动，一般多采用螺钉或成品固定连接件作安装（图1-11）。

指接板的常见规格为2440mm×1220mm，厚度主要有12mm、15mm和18mm等，最厚可达36mm。目前，市场上销售的指接板

图1-9　指接板表面

图1-10　三层指接板

★装修顾问★

板材E级标准

现代装修家具与构造都广泛使用了人造板材，为了使板材更加结实耐用，人造板中需要添加防潮剂与黏合剂，这些是游离甲醛的主要来源，E级标准是欧洲国家根据人造板中游离甲醛含量进行划分的，也是我国家居人造板材的使用标准。2004年颁布的《胶合板》国家标准（GB/T9846.1—2004～GB/T9846.8—2004）中分别表明了甲醛释放的限量。人造板材中甲醛释放的限量为E0、E1、E2，即E0≤0.5mg／L，E1≤1.5mg／L，E2≤5mg／L。

有单层板与三层板两种，其中三层叠加的板材抗压性与抗弯曲性较好。普通单层指接板厚度为12mm与15mm，市场价格为120元/张左右，主要用于支撑构造，三层指接板厚度为18mm，市场价格为150元/张左右，主要用于家具、构造的各种部位，甚至装饰面层（家具柜门板）。

选购指接板时需要注意鉴别质量，除了选购当地的知名品牌外，还要注意留意板材外观。其中，鉴别指接板的质量主要是看芯材的年轮，指接板多由杉木加工而成，其年轮较为明显，年轮越大，说明树龄长，材质就越好，此外，不同的树种价格不同。指接板还分为有节与无节两种，有节的存在疤眼影响美观，无节的不存在疤眼较为美观，现在流行直接采用指接板制作家具，表面不用再贴饰面板，既能显露出天然的木质纹理，又能降低制作成本。中高档的产品表面抚摸起来非常平整，无毛刺感（图1-12），且都会采用塑料薄膜包装，用于防污防潮。

图1-11 指接板家具

图1-12 平抚板面

施工过程中，指接板在运输至施工现场后应该全部摊开放置7d以上，让板材充分适应施工现场的环境湿度，某些板材会产生稍许弯曲变形，这属于正常现象，可以将弯曲变形的指接板用于制作家具的横向隔板，向上拱起能够提升板材的承载力。固定指接板时，可以适当选用圆钉或螺钉固定中央结构，边角部位可以用气排钉。

三、木芯板

木芯板又被称为细木工板，俗称大芯板，是由两片单板中间胶压拼接木板而成。中间的木板是由优质天然木料经热处理（即烘干室烘干）以后，加工成一定规格的木条，由机械拼接而成。拼接后的木板两面各覆盖两层优质单板，再经冷、热压机胶压后制成。它具有质轻、易加工、握钉力好、不变形等优点，是家居装修与家具制作的理想材料。它取代了传统装饰装修中对原木的加工，使装饰装修的工作效率大幅度提高（图1-13、图1-14）。

大芯板的材种有许多种，如杨木、桦木、松木、泡桐等，其中以杨木、桦木为最好，质地密实，木质不软不硬，握钉力强，不易变形，而泡桐的质地轻软，吸收水分大，握钉力差，不易烘干，制成的板材在使用过程中，当水分蒸发后，板材易干裂变形。而硬木质地坚硬，不易压制，拼接结构不好，握钉力差，变形系数大。木芯板的加工工艺分为机拼与手拼两种。手工拼制是用人工将木条镶入夹板中，木条受到的挤压力较小，拼接不均匀，缝隙大，握钉力差，不能锯切加工，只适宜做部

图1-13　木芯板

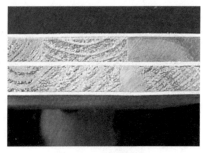

图1-14　木芯板截面

分装修的子项目，如用作实木地板的垫层毛板等。而机拼的板材受到的挤压力较大，缝隙极小，拼接平整，承重力均匀，长期使用，结构紧凑不易变形。

木芯板的常见规格为2440mm×1220mm，厚度有15mm与18mm两种，其中15mm厚的木芯板市场价格在120元／张左右，主要用于制作小型家具（电视柜、床头柜）及装饰构造，18mm厚的板材为120～180元／张不等，主要用于制作大型家具（衣柜、储藏柜）。

现在木芯板的质量差异很大，在选购时要注意认真检查。一般木芯板按品质分可以分为一、二、三等，直接作饰面板的，应该使用一等板，只用作底板的可以用三等板。一般应该挑选表面干燥、平整，节子、夹皮少的板材。木芯板一面必须是一整张木板，另一面只允许有一道拼缝。另外，木芯板的表面必须光洁。观测其周边有无补胶、补腻子的现象，胶水与腻子都用来遮掩残缺部位或虫眼（图1-15）。必要时，可以从侧面或锯开后的剖面检查芯板的薄木质量和密实度。这些现象会使板材整体承重力减弱，长期的受力不均匀会使板材结构发生扭曲、变形，影响外观及使用效果。在大批量购买时，应该检查产品是否配有检测报告及质量检验合格证等质量文件，知名品牌会在板材侧面标签上设置防伪检验电话，以供消费者拨打电话进行验证（图1-16）。

在施工中，木芯板与指接板的使用方法一致，都可以用于家具、构造制作，只是木芯板中的板芯缝隙稍大，在钉接时应该注意回避板芯的接缝。由于木芯板含胶量较大，板面更平整，适用于制作衣柜门板。当然，甲醛含量也大，高档E0级环保产品的价格就特别高，大多都超过了

图1-15 腻子遮盖

图1-16 产品标签

150元／张。而指接板含胶量较小，价格也低些，所以现在的大衣柜、储藏柜多用指接板制作柜体。为了防止变形，仍然使用木芯板制作平开柜门和其他细部构造。

四、胶合板

胶合板又被称为夹板，是将椴木、桦木、榉木、水曲柳、楠木、杨木等原木经蒸煮软化后，沿年轮旋切或刨切成大张单板，这些多层单板通过干燥后纵横交错排列，使相邻两个单板的纤维相互垂直，再经过加热胶压而成的人造板材（图1-17）。

为了消除胶合板中各层板材的异性变形缺点，增加强度，胶合板中单板的厚度、树种、含水率、木纹方向及制作方法都应该相同，层数一般为奇数，如三、五、七、九、十一合板等。胶合板主要用于家居装修中木质制品的背板、底板，由于厚薄尺度多样，质地柔韧、易弯曲，也可以配合木芯板用于结构细腻处，弥补了木芯厚度均一的缺陷，或用于制作隔墙、弧形吊顶（图1-18）、装饰门面板、墙裙等构造。胶合板常

见的规格为2440mm×1220mm，厚度根据层数增加，一般为3~22mm
多种。它主要用于木质家具、构造的辅助拼接部位，也可以用于弧形饰
面，市场销售价格根据厚度不同而不等。常见9mm厚的胶合板价格为
50~80元/张。

在选购胶合板时应该列好材料清单，由于规格、厚度不同，所使用
的地方也不同，要避免浪费。首先，观察胶合板的正反两面，胶合板有
正反两面的区别，一般选购木纹清晰，正面光洁平滑的板材，要求平整
无滞手感（图1-19），板面不应该存在破损、碰伤、硬伤、疤节、脱胶
等疵点。然后，如果有条件应该将板材剖切，仔细观察剖切截面，单
板之间均匀叠加，不应该有交错或裂缝，不应该有腐朽、变质等现象
（图1-20），注意部分胶合板是将两张不同纹路的单板贴在一起制成的，
所以在选择上要注意夹板拼缝处应严密，要求没有高低不平等现象。最
后，可敲击胶合板的各部位，若声音发脆则证明质量良好，若声音发闷
则表示板材已出现散胶的现象。

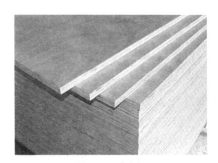

图1-17　胶合板

图1-18　胶合板弯曲吊顶

图1-19　平抚板面

图1-20　胶合板截面质量

在施工过程中，可以根据造型要求制作出弧形构造的胶合板，先将需要弯压成弧形的部位喷水浸湿，用湿抹布在弧形加工部位反复擦拭，通过外力对板材进行弯压，保持弯压形态后，再用电吹风或烤枪将弧形部位烤干。当然，经过处理后的板材不可能完全达到100%的贴合效果，最后通过钉接的方式固定，这样就能达到较好的施工效果了。

五、薄木贴面板

薄木贴面板又被称为装饰木皮（图1-21），以往高档薄木贴面板即是1张厚2mm左右的实木单板，质地较软，但纹理清晰，由于成本较高，现在很少生产使用（图1-22）。如今的薄木贴面板属于胶合板，全称为装饰单板贴面胶合板，它是将天然木材或科技木刨切成0.2~0.5mm厚的薄片，粘附于胶合板表面，然后热压而成，是一种高档装修饰面材料。

薄木贴面板具有花纹美丽、种类繁多、装饰性好、立体感强的特点，用于装修中家具及木制构件的外饰面，涂饰油漆后效果更佳（图1-23）。薄木贴面板一般分为天然板与科技板两种，天然薄木贴面板采用名贵木材，经过热处理后压合并粘接在胶合板上，纹理清晰、质地真实、价格较高。科技板表面装饰层为印刷品，易褪色、变色，但是价格较低，也有很大的市场需求量，只是用在朝阳的房间里容易褪色。

薄木贴面板的规格为2440mm×1220mm×3mm。天然板的整体价格较高，根据不同树种进行定价，一般都在60元／张以上，而科技板的

图1-21　薄木贴面板

图1-22　薄木皮

图1-23　薄木贴面板应用

价格多在30～40元／张左右。

选购优质天然薄木贴面板时应该注意，产品表面应该具有清爽华丽的美感，色泽均匀清晰，材质细致，纹路美观能够受到其良好的装饰性。反之，如果有污点、毛刺沟痕、刨刀痕或局部发黄、发黑就很明显属于劣质或已被污染的板材。

图1-24　砂纸打磨

然后，价格也根据木种、材料、质量的不同而有很大差异，这些都与纹路、厚度、内芯质量有着直接的关系。最后，在选购时可以使用0号砂纸轻轻打磨边角，观测是否褪色或变色（图1-24），即可鉴定面材的质量。

施工时，应该先采用白乳胶将薄木贴面板粘贴至木芯板等基层板材上，再采用气排钉固定板材的边缘，尽量保持板面的完整性，不外露过多钉头与缝隙。薄木贴面板可以在施工中弯压成弧形，无须经过特殊处理，可以顺应构造钉接，间隔600～800mm，还应该保留宽3mm左右的伸缩缝，以防止板面开裂。

六、纤维板

纤维板是人造木质板材的总称，又被称为密度板，是指采用森林采伐后的剩余木材、竹材和农作物秸秆等为原料，经打碎、纤维分离、干燥后施加胶粘剂，再经过热压后制成的人造木质板材（图1-25）。

纤维板适用于家具制作，现今市场上所销售的纤维板都会经过二次加工与表面处理，外表面一般覆有彩色喷塑装饰层，色彩丰富多样，可选择性强。中、硬质纤维板甚至可以替代常规木芯板，制作衣柜、储物柜时可以直接用作隔板或抽屉壁板，使用螺钉连接，无须贴装饰面材，简单方便（图1-26）。胶合板、纤维板表面经过压印、贴塑等处理方式，被加工成各种装饰效果，如刨花板、波纹板、吸声板等，被广泛应用于装修中的家具贴面、门窗饰面、墙顶面装饰等领域。

纤维板的规格为2440mm×1220mm，厚度为3～25mm不等，常见的15mm厚的中等密度覆塑纤维板价格为80～120元／张。

以最普及的中密度纤维板为例，选购时应该注意外观，优质板材应该特别平整，厚度、密度应该均匀，边角没有破损，没有分层、鼓包、碳化等现象，无松软部分。如果条件允许，可锯下一小块中密度纤维板放在水温为20℃的水中浸泡24h，观其厚度变化，同时观察板面有没有小鼓包出现。若厚度变化大，板面有小鼓包，说明板面防水性差。还可以贴近板材用鼻子嗅闻气味，因为气味越大说明甲醛的释放量就越高，造成的污染也就越大（图1-27）。

1. 刨花板

刨花板又被称为微粒板、蔗渣板（图1-28），也有的进口高档产品被称为定向刨花板或欧松板（图1-29）。它是由木材或其

图1-25　纤维板

图1-26　纤维板家具

图1-27　鼻子嗅闻

他木质纤维素材料制成的碎料，施加胶粘剂后在热力和压力作用下胶合而成的人造板。

在现代家居装修中，纤维板与刨花板均可取代传统木芯板制作衣柜，尤其是带有饰面的板材，无须在表面再涂饰油漆、粘贴壁纸或家饰宝，施工快捷、效率高，外观平整。但是这两种板材对施工工艺的要求很高，要使用高精度切割机加工，还需要使用优质的连接件固定，并作无缝封边处理，如果装饰公司或施工队没有这样的技术功底，最好不要选用这两种材料。此外，刨花板根据表面状况分为未饰面刨花板与饰面刨花板两种，现在用于制作衣柜的刨花板都有饰面。刨花板在裁板时容易造成参差不齐的现象，由于部分工艺对加工设备要求较高，不宜现场制作，故而多在工厂车间加工后运输到施工现场组装。

刨花板的规格为2440mm×1220mm，厚度为3～75mm不等，常见19mm厚的覆塑刨花板价格为80～120元／张。

选购刨花板的质量时，最重要的是边角、板芯与饰面层的接触应该特别紧密、均匀，不能有任何缺口。用手抚摸未饰面刨花板的表面，应该感觉比较平整，无木纤维毛刺。

施工时，由于刨花板密度比较疏松，板材之间很少采用圆钉或气排钉固定，采用白乳胶粘结的效果也不佳，因此多采用螺钉与专用连接件固定。刨花板只能作很缓和的弯曲处理，表面一般不作覆面装饰，完全露出板材固有的纹理，涂饰透明木器漆即可显示其原始、朴实的装饰审美效果。

图1-28　刨花板

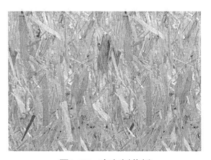

图1-29　定向刨花板

2．波纹板

波纹板是密度板的一种，其特性与密度板相同，是以植物纤维为原料，经过纤维分离、施胶、干燥、铺装成型、热压、锯边和检验等工序制成的板材，是人造板的主导产品之一。将研磨后的碎屑加入添加剂和粘结剂，通过板坯铸造成型，构造致密，隔声、隔热、绝缘和抗弯曲性较好，生产原料来源广泛，成本低廉，但是对加工精度与工艺要求较高（图1–30）。

波纹板是一种新兴的饰面材料，造型立体，色彩缤纷。波纹板已经成为引导时尚、营造美丽生活空间环境的主流装饰材料，是饰面装饰材料行业更新换代的产品。波纹板的产品类别很丰富，如素板、纯白板、彩色板、金银箔板等（图1–31），造型优美、工艺精细、高贵大方、结构均匀、尺寸稳定、立体感强。还可以根据设计要求，定制不同图案、颜色、造型的波纹板，四周可拼接。

波纹板的规格为2440mm×1220mm，厚度为10～25mm不等，常见的15mm厚的素板价格为80～100元／张，彩色板、金银箔板等特殊产品的价格为180～400元／张不等。选购波纹板时要仔细观察板面是否光滑，有无污渍、水渍、粘迹，板面四周应当细密、结实、不起毛边。可以用手敲击板面，声音清脆悦耳，均匀的波纹板质量较好，如果声音发闷，则可能发生了散胶现象。

施工时，波纹板尽量采取粘贴的施工工艺，即采用强力万能胶将其粘贴至装饰构造表面，如果面积较大，可以在边角通过气排钉强化固定，但是要调配出颜色完全一致的腻子填补钉头，否则会破坏整体装饰

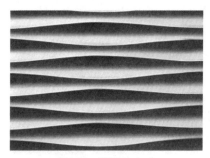

图1-30　波纹板（一）

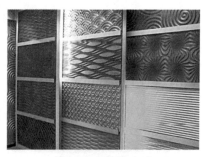

图1-31　波纹板（二）

效果。

3. 吸声板

吸声板是在普通高密度纤维板的基础上加工制成的具有吸声功能的装饰板材。吸声板表面覆盖塑料装饰层，具有条状开孔，背后覆盖具有吸声功能的软质纤维材料，通过多种材料叠加起到吸声的作用（图1-32、图1-33）。

纤维经热压后可以减低噪声，其吸声系数比现有常用的石棉玻璃纤维高，尤其对500Hz以下的噪声，效果更加明显。吸声板表面柔顺、丰富，有多种可供选择的色彩纹理，可以拼装多种花色或图案，具有很好的装饰效果，满足各种中高档家居装修的需求。纤维防火材料，具有出色的阻燃防火性能。天然植物纤维接近自然的色泽与特性，不含石棉，无刺激物，可回收使用。

吸声板结合各种吸声材料的优点，采用天然纤维板热压成板，其装饰性强，施工简便，能够通过简单的木工机具，变换出多种造型。既可以直接作为饰面材料，又可以根据需要在表面喷各种涂料。吸声板适用于对静声要求较高的家居空间墙面、构造装饰，如用于客厅、卧室、书房、娱乐室、视听室的墙面、吊顶等部位。

吸声板的规格为2440mm×1220mm，厚度为18～25mm不等，常见18mm厚的覆面吸声板价格为200～300元／张。

选购吸声板时，要注意板材厚度应均匀，板面平整、光滑，没有污渍、水渍、粘迹。四周板面细密、结实、不起毛边。可以用手敲击板面，若声音清脆悦耳，说明均匀的纤维板质量较好，若声音发闷，则可

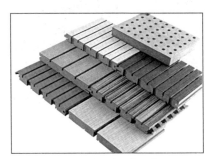

图1-32 高密度纤维吸声板

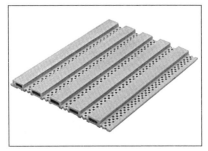

图1-33 复合吸声板

能发生了散胶问题。

吸声板的施工方式很多，主要有钉接与挂接两种。小面积施工多采用钉接工艺，即采用气排钉将板材固定至墙面预装的木龙骨上，钉子从缝隙中钉入，外表看不到任何痕迹。大面积的施工需要在基础龙骨上安装配套金属连接件，将板材的背部凹槽挂至连接件上即可。

★装修顾问★

免漆板

免漆板是一种全新概念的装饰板材，其基层为木芯板、胶合板、纤维板、塑料板等各种材质，只是表面覆有1层装饰层，施工应用时不用再涂饰油漆了。免漆板板面纹理丰富，其木纹可以与原木媲美，且产品表面无色差，具有离火自熄、耐洗、耐磨、防潮、防腐等特点。免漆板造型色泽搭配合理，施工方便，修口修边使用免漆线条配套，用胶粘合无须为钉头补灰而烦恼，可节省施工费用，避免油漆对人体产生危害。不但节约了一笔长期保养护理的费用，而且能缩短施工时间，效果既高雅，成本又降低，因此是绿色环保、无毒、无味、无污染免漆装饰材料（图1-34、图1-35）。

选购免漆板要注意，免漆板的面料分为PVC、树脂薄片、聚丙烯软片三种。目前，多数产品以PVC为主。PVC材料受到阳光照射就会褪色，一般产品的耐磨转数为400～600转，优质产品在1000转左右。用免漆板制作家具时，其端口一般粘贴配套免漆线条，并严密封边。免漆板的规格为2440mm×1220mm，厚度为2～3mm，常见2mm厚的PVC覆面免漆板价格为60元/张。

图1-34 免漆板

图1-35 免漆板家具

七、软木墙板

软木墙板是一种高级软质木料制品（图1-36），原材料一般为橡树的树皮，种植地主要分布在我国秦岭地区和地中海地区。软木墙板一般是指壳斗科栎木属落叶乔木的橡树皮。软木墙板质地柔软、舒适，与实木板相比更具环保性、隔声性，防潮效果也会更好一些，带给人极佳的脚感。软木地板柔软、安静、舒适、耐磨，对老人与小孩的意外摔倒，能够提供很大的缓冲作用。软木材料可以分为纯软木墙板、复合软木墙板、静声软木墙板3类。

1. 纯软木墙板

纯软木墙板的厚度一般为4～5mm，从花色上看非常粗犷、原始，且没有固定的花纹，它的最大特点是用纯软木制成，质地纯净，非常的环保（图1-37）。

2. 复合软木墙板

复合软木墙板的构造一般分为三层，表层与底层均为软木，中间层夹了一块带企口（锁扣）的中密度板，厚度可达到10mm左右，里外两层的软木可以达到很好的静声效果，花色与纯软木地板一样，也存在不够丰富的缺憾。

3. 静声软木墙板

静声软木墙板是软木与纤维板的结合体，最底层为软木，表层为复合地板，中间层则同样夹了一层中密度板，它的厚度可以达到14mm，最底层的软木可以吸收一部分声音，起到静声的作用。

图1-36　软木墙板

图1-37　软木墙板应用

软木墙板适用于家居客厅、书房、卧室、视听室等空间墙面铺装，具体尺寸视空间面积需求定制，市场上常见的锁扣式复合软木墙板的规格为900mm×300mm×10mm等，价格为200～300元／m²，纯软木墙板的价格较高，一般为300～500元／m²。选购软木墙板时要注意板面是否光滑，有无鼓凸颗粒，软木颗粒是否纯净，地板边长是否直，检验板面弯曲强度，是否因弯曲产生裂痕。

软木墙板多采用白乳胶粘贴的方式安装，基层墙面应采用木芯板铺底，木芯板可以采用钢制气排钉直接固定在墙面上，再将软木墙板背后全部涂刷白乳胶，均匀地粘贴至木芯板上。粘贴后使用橡皮锤压实，必要时可以采用长10mm的气排钉固定，气排钉的间距为300mm左右。

八、地板

人类使用天然木材铺设地面已经有几千年的历史。最初是以木质建筑、木质家具为身体的平托物，后来发现在众多的材料中，只有木材的导热性适合人体体温，并且方便开采、加工，于是以木材为主的地面铺设材料诞生了。在今天的工业技术中，地面铺设材料主要以木材为主，涵盖的成熟产品很多，主要可以分为实木地板、实木复合地板、强化复合木地板、竹木地板等，各种类型地板的性能比较见表1-2所列。各种类型地板的性能需要正确认识。

各种类型地板的性能比较　　　　　　　　　　　表1-2

项　目	实木地板	实木复合地板	强化复合木地板	竹木地板
自然	返璞归真	返璞归真	仿真效果佳	返璞归真
美观	纹理清晰自然	纹理清晰自然	时尚但不生动	纹理清晰自然
脚感	好	较好	一般	较好
变形	易变形	不易变形	不易变形	易变形
缩胀	易缩胀	不易缩胀	有一定缩胀	易缩胀

续表

项　目	实木地板	实木复合地板	强化复合木地板	竹木地板
耐磨性	良好	良好	好	良好
自然环境	干缩湿胀	性能很稳定	性能较稳定	干缩湿胀
地热环境	不适，易开裂变形	适合，性能稳定	慎重用于地热	适合，易开裂变形
重复打磨	可重新打磨	薄地板不可打磨，厚皮地板可打磨	不可重新打磨	可重新打磨
使用寿命	20～30年	10～20年	8～10年	10～15年
环保	资源浪费	有效利用	有效利用	资源浪费
价位	高	中	低	高
甲醛含量	低	中	中	低

1. 实木地板

实木地板是采用天然木材，经过加工处理后制成条板或块状的地面铺设材料（图1-38、图1-39）。实木地板对树种的要求较高，档次也由树种拉开。地板用材一般以阔叶材为多，档次也较高；针叶材较少，档次也较低。近年来，由于国家实施天然林保护工程，进口木材作为实木地板原材料的比例增加。用作实木地板选材的树种可分为以下3大类。

1）国产阔叶材

国产阔叶材是应用较多的一类树种，常见的有：榉木、柞木、花

图1-38　实木地板铺设

图1-39　实木地板展示

梨木、檀木、楠木（图1-40）、水曲柳、槐木、白桦、红桦、枫桦、檫木、榆木、黄杞、槭木、楝木、荷木、白蜡木、红桉、柠檬桉、核桃木、硬合欢、楸木、樟木、椿木等。

2）国产针叶材

用针叶材做实木地板的较少，它常用于实木复合地板的芯材，这类树种主要有红松、落叶松、红杉（图1-41）、铁杉、云杉、油杉、水杉等。

3）进口材

进口木地板用材日渐增多，种类也越来越复杂，大致有如下一些：紫檀、柚木、花梨木、酸枝木、榉木、桃花芯木、甘巴豆、大甘巴豆、龙脑香、木夹豆、乌木、印茄木、重蚁木（图1-42）、白山榄长、水青冈等。

优质木地板应该具有自重轻、弹性好、构造简单、施工方便等优点，它的魅力在于妙趣天成的自然纹理和与其他任何室内装饰物都能和谐相配的特性。优质的木地板还有三个显著特点：第一是无污染，它源于自然，成于自然，无论人们怎样加工使之变成各种形状，它始终不失其自然的本色；第二是热导率小，使用它有冬暖夏凉的感觉；第三是木材中带有可抵御细菌、稳定神经的挥发性物质，是理想的居室地面装饰材料。但是实木地板存在怕酸、怕碱、易燃的弱点，所以一般只用于卧室、书房、起居室等室内地面的铺设。

实木地板的规格根据不同树种定制，宽度为90～120mm，长度为450～900mm，厚度为12～25mm。优质实木地板的表面经过烤漆处

图1-40　楠木板　　　图1-41　红杉木地板　　　图1-42　重蚁木地板

理，应该具备不变形、不开裂的性能，含水率均控制在10%～15%之间，中档实木地板的价格一般为300～600元／m²。

选购实木地板时要注意识别质量，首先，要注意测量地板的含水率，我国不同地区的含水率要求均不同，在国家标准中，规定的含水率为10%～15%。木地板的经销商应该备有含水率测试仪，如果没有则说明对含水率这项技术指标不重视。购买时先测展厅中选定的木地板含水率，再测未开包装的同材种、同规格的木地板含水率，如果相差在±2%以内，可以视为合格。然后，观测木地板的精度，一般木地板开箱后可以取出几块地板观察，看企口咬合（图1-43）、拼装间隙与相邻板间的高度差，若严格合缝，用手平抚感到无明显高度差即可（图1-44），还可以用尺测量多块地板的厚度，看是否一致（图1-45）。看地板是否有死节、活节、开裂、腐朽、菌变等缺陷。由于木地板是天然木制品，客观上存在色差与花纹不均匀的现象。如若过分追求地板无色差，是不合理的，只要在铺装时稍加调整即可。看烤漆漆膜光洁度，有无气泡、漏漆以及耐磨度，可以采用0号砂纸打磨地板表面，观察漆面是否有脱落等（图1-46）。接着，识别木地板树种，有的厂家为促进销售，将木材冠以各式各样不符合木材学的美名，如樱桃木、花梨木、金不换、玉檀香等名称，更有甚者，以低档充高档木材，业主一定不要为名称所惑，弄清材质，注意地板背面材料是否与正面一致（图1-47），以免上当。实木地板并非越长越宽越好，建议选择中短长度地板，不易变形，长度、宽度过大的木地板相对容易变形。最后，注意销售服务，最好去品牌信誉好、美誉度高的企业购买，除了质量有保

图1-43　木地板企口

图1-44　平抚表面

证之外，正规企业都对产品有一定的保修期，凡是在保修期内发生的翘曲、变形、干裂等问题，厂家负责修换，可免去消费者的后顾之忧。在现代装修中，地板安装一般都由地板经销商承包施工。业主购买哪家地板就请哪家铺设，以免出现问题后，生产企业与装修企业之间互相推脱责任。

实木地板施工比较简单，在地面上铺设木龙骨（图1-48），地板拼接使用麻花钉固定，完工后上漆打蜡即可，现今市面上所售的地板形式多样，使用起来有不同的要求。如条形木地板，它是按一定的走向、图案铺设于地面，条形木地板接缝处有平口与企口之分。平口就是上下、前后、左右6面平齐的木条。企口就是以专用设备将木条的断面（具体表面依要求而定）加工成榫槽状，便于固定安装。优点是铺设图案选择的余地大，企口便于施工铺设。缺点是工序多，操作难度大，难免粗糙。而拼花木地板是事先按一定图案、规格，在设备良好的车间里，将

图1-45　测量厚度

图1-46　砂纸打磨

图1-47　地板背部

图1-48　木地板龙骨

4条形木地板拼装完毕，呈正方形。业主购买后，可将拼花形的板块再拼铺在地面或墙面上。这种地板的拼装程序使质量有了一定的保证，方便施工。需要注意的是，由于地板已事先拼装，故对地面的平整要求较高，否则会出现翘曲变形现象。

2. 实木复合地板

实木复合地板是利用珍贵木材或木材中的优质部分以及其他装饰性强的材料作表层，材质较差或成本低廉的竹、木材料作中层或底层，构成经高温、高压制成的多层结构的地板（图1-49）。目前，世界天然林正逐渐减少，特别是装饰用的优质木材日渐枯竭，木材的合理利用已越来越受到重视，多层结构的实木复合地板就是在这种情况下出现的产物之一。实木复合地板不仅充分利用了优质材料，提高了制品的装饰性，而且所采用的加工工艺也不同程度地提高了产品的力学性能。

现代实木复合地板主要以3层为主，采用3层不同的木材粘合制成，表层使用硬质木材，如榉木、桦木、柞木、樱桃木、水曲柳等，中间层与底层使用软质木材或纤维板（图1-50），如用松木为中层板芯，提高了地板的弹性，又相对降低了造价。效果和耐用程度都与实木地板相差不多。但是不同树种制作成实木复合地板的规格、性能、价格都不同，高档次的实木复合地板表面多采用UV亚光漆，这种漆是经过紫外光固化的，耐磨性能非常好，不会产生脱落现象，家庭使用无须打蜡维护，使用十几年不用上漆。优质的UV亚光漆对强光线无明显反射现象，光泽柔和、高雅，对视觉无刺激。实木复合地板主要是以实木为原料制

图1-49　实木复合地板

图1-50　实木复合地板侧面

图1-51 防腐木花架

图1-52 防腐木地板

★装修顾问★

防腐木地板

防腐木地板是指将木材经过特殊防腐处理的木地板。一般是将防腐剂经真空加压压入木材，然后经200℃左右高温处理，使其具有防腐烂、防白蚁、防真菌的功效，主要用于庭院施工，是家居阳台、庭院等户外木地板、木栈道及其他木质构造的首选材料。

我国防腐木的主要原材料是樟子松，樟子松树质细、纹理直，经过防腐处理后，能够有效地防止霉菌、白蚁、微生物的侵蚀，抑制木材含水率的变化，减少木材的开裂程度。此外，还有一种不经防腐剂处理的防腐木，被称为深度炭化木，又称热处理木。炭化木是将木材的有效营养成分炭化，通过切断腐朽菌生存的营养链进而达到防腐的目的。是一种真正的绿色环保材料。

防腐木的颜色一般呈黄绿色、蜂蜜色或褐色，易于上涂料及着色，根据设计要求，可以达到美轮美奂的效果。因此，防腐木能够满足各种设计的要求，用于各种庭院的构造制作。防腐木的亲水效果尤为显著，能在各种户外气候的环境中使用15～50年（图1-51、图1-52）。

成的，实木复合地板的规格与实木地板相当，有的产品是拼接的，规格可能会大些，但是价格要比实木地板低，中档产品的价格一般为200～400元/m²。

选购实木复合地板时，首先，要注意观察表层厚度，实木复合地板的表层厚度决定其使用寿命，表层板材越厚，耐磨损的时间就越长，进口优质实木复合地板的表层厚度一般在4mm以上，此外还须观察表层材质和四周榫槽是否有缺损。然后，检查产品的规格尺寸公差是否与说明书或产品介绍一致，可以用尺子实测或与不同品种相比较，拼合后观察其榫槽结合是否严密，结合的松紧程度如何，拼接表面是否平整。最后，试验其胶合性能及防水、防潮性能，可以取不同品牌小块样品浸渍到水中，试验其吸水性和黏合度如何，浸渍剥离速度越低越好，胶合黏度越强越好。按照国家规定，地板甲醛含量应≤9mg/100g。如果近距离接触木地板，有刺鼻或刺眼的感觉，则说明甲醛含量超标了。

实木复合地板的使用频率较高，在施工中一般直接铺设，铺设方法与实木地板相似，也可以架设木龙骨，有的产品还配置专用胶水，但是大多数产品可以直接拼接后用麻花地板钉固定。

3. 强化复合木地板

强化复合木地板是20世纪90年代后期才进入到我国市场的，它由多层不同材料复合而成，其主要复合层从上至下依次为：强化耐磨层、着色印刷层、高密度板层、防震缓冲层、防潮树脂层。其中，强化耐磨层用于防止地板基层磨损；着色印刷层为饰面贴纸，纹理色彩丰富，设计感较强；高密度板层是由木纤维及胶浆经高温高压压制而成的；防震缓冲层及防潮树脂层垫置在高密度板层下方，用于防潮、防磨损，起到保护基层板的作用。

强化复合木地板具有很高的耐磨性，表面耐磨度为普通油漆木地板的10～30倍，其次是产品的内结合强度、表面胶合强度和冲击韧性力学强度都较好，此外，还具有良好的耐污染腐蚀、抗紫外线光、耐香烟灼烧等性能（图1-53）。地板的流行趋势为大规格尺寸，而实木地板随尺寸的加大，其变形的可能性也在加大。强化复合木地板采用了高标准的材料和合理的加工手段，具有较好的尺寸稳定性。地板安装简便，维护保养简单，采用泡沫隔离缓冲层（泡沫防潮毡）悬浮铺设的方法，施工简单，效率高（图1-54）。

强化复合木地板的规格长

图1-53　强化复合木地板铺装

图1-54　强化复合木地板安装

度为900～1500mm，宽度为180～350mm，厚度为8～18mm，其中，厚度越厚，价格越高。目前市场上售卖的强化复合木地板以12mm居多，价格为80～120元／m^2。高档优质强化复合木地板还增加了约2mm厚的天然软木，具有实木脚感、噪声小、弹性好。购买地板时，商家一般会附送配套的踢脚线、分界边条、防潮毡等配件，并负责运输安装。在家居室内空间，强化复合木地板成为年轻业主的首选。

选购强化复合木地板时，首先，要注意检测耐磨转数，这是衡量强化复合木地板质量的一项重要指标。一般而言，耐磨转数越高，地板使用的时间就越长，地板的耐磨转数达到1万转为优等品，不足1万转的产品，在使用1～3年后就可能出现不同程度的磨损现象。可以用0号粗砂纸在地板表面反复打磨，约50次，如果没有褪色或磨花，就说明质量还不错（图1-55）。然后，观察表面是否光洁，强化复合木地板的表面一般有沟槽型、麻面型、光滑型三种，本身无优劣之分，但都要求表面光洁无毛刺（图1-56），但是背面要求有防潮层（图1-57）。观察企口的拼装效果，可以拿两块地板的样板拼装一下，看拼装后企口是否整齐、严密（图1-58、图1-59）。接着，注意地板厚度与重量，选择时应该以厚度厚些的为宜。强化复合木地板的厚度越厚，使用寿命也就相

图1-55　砂纸打磨

图1-56　平抚表面

对延长，但同时要考虑装修的实际成本。同时，强化复合木地板的重量主要取决于其基材的密度，基材决定着地板的稳定性、抗冲击性等诸项指标，因此基材越好，密度越高，地板也就越重。最后，了解产品的配套材料，如各种收口线条（图1-60）、踢脚线等配套材料的质量、价格如何。查看正规证书和检验报告，选择地板时一定要弄清商家有无相关证书和质量检验报告。如甲醛含量，按照欧洲标准，地板甲醛含量应≤9mg/100g，如果＞9mg/100g则属于不合格产品。可以从包装中取出一块地板，用鼻子仔细闻一下，如果没有刺激性气味就说明质量合格。

　　强化复合木地板施工多由经销商承包，施工简洁便利。将购置的地板搬运至施工现场后应该打开包装，摊开放置在不同的安装位置上，使地板充分适应环境湿度。安装时预先铺装防潮毡，将地板在防潮毡上逐块拼接即可，用铁锤敲击塑料垫块将地板固定即可，无须采用钉子。周边配套踢脚线背部应注入中性玻璃胶强化固定。

图1-57　背部防潮层

图1-58　侧部企口

图1-59　预拼接

图1-60　收口线条

4. 竹地板

竹地板是竹子经处理后制成的地板，与木材相比，竹材作为地板原料有许多特点。竹木地板具有良好的质地和质感，竹材的组织结构细密，材质坚硬，具有较好的弹性，脚感舒适，装饰自然而大方（图1-61）。竹子具有优良的物理力学性能，竹材的干缩湿胀小，尺寸稳定性高，不易变形开裂，同时竹材的力学强度比木材高，耐磨性好。竹子具有别具一格的装饰性，竹材色泽淡雅，色差小，竹材的纹理通直，很有规律，竹节上有点状放射性花纹（图1-62、图1-63）。

竹地板按加工处理方式可以分为本色竹地板与炭化竹地板。本色竹地板保持竹材原有的色泽，而炭化竹地板的竹条要经过高温高压的炭化处理，使竹片的颜色加深（图1-64）。竹地板强度高，硬度强，脚感不如实木地板舒适，外观也没有实木地板丰富多样。它的外观是自然竹子纹理，色泽美观，顺应人们回归自然的心态，这一点又要优于强化复合

图1-61　竹地板铺装

图1-62　竹地板细节（一）

图1-63　竹地板细节（二）

图1-64　竹地板表面纹理

★装修顾问★

正确保养竹地板

（1）保持通风。经常保持室内通风，既可以使竹地板中的化学物质加速挥发，又可以使室内的潮湿空气与室外交换。特别是在长期没有人居住、保养的情况下，室内的通风透气性更为重要。可以经常打开窗户或房门，使空气对流，或采用空调为室内创造干爽洁净的环境。

（2）避免暴晒或水淋。阳光或雨水直接从窗户进入室内会对竹地板产生危害。阳光会加速漆面老化，引起地板干缩、开裂。雨水淋湿后，竹材吸收水分引起膨胀变形、发霉。

（3）避免损坏表面。竹地板漆面既是地板的装饰层，又是竹地板的保护层，应该避免硬物的撞击、利器的划伤、金属的摩擦等，在搬运、移动家具时应该小心轻放，家具的落脚部位应该垫放或粘贴脚垫等。

（4）正确清洁打理。应经常清洁竹地板，可先用干净的扫帚把灰尘和杂物扫净，再用拧干水的抹布人工擦拭。如面积太大时，可将布拖把洗干净，再挂起来滴干水滴，用来拖净地面。切不能用水洗，也不能用湿漉漉的抹布或拖把清理。平时如果有含水物质泼洒在地面时，应立即用干抹布抹干。如果条件允许，应间隔一段时间打地板蜡。

木地板。因此，价格也介乎实木地板与强化复合木地板之间，规格与实木地板相当，中档产品的价格一般为150～300元／m²。

选购竹地板时，首先，应该选择优异的材质，正宗的楠竹较其他竹类纤维坚硬密实，抗压抗弯强度高，耐磨，不易吸潮、密度高、韧性好、伸缩性小。然后，识别地板的含水率，各地由于湿度不同，选购竹地板含水率标准也不一样，必须注意含水率对当地的适应性。目前，市场上有很多未经处理和粗制滥造的竹地板，极易受湿气、潮气的影响，安装一段时间后地板会发黑、失去光泽、收缩变形，选购时应该认真鉴别。含水率直接影响到地板生虫霉变，选购竹地板时应该强调防虫防霉的质量保证。未经严格特效防虫、防霉剂浸泡和高温蒸煮或炭化的竹地板，绝对不能选购。接着，观察竹地板的胶合技术，竹地板经高温高压胶合而成。市场上有的厂家和个体户利用手工压制或简易机械压制，施胶质量无法保证，很容易出现开裂开胶等现象。此外，从外观上即可识别，优质竹地板是六面淋漆。由于竹地板是绿色的自然产品，表面带有

图1-65　竹地板截面封漆

图1-66　竹地板背面防潮层

毛细孔，因为存在吸潮概率从而引发变形，所以必须将四周全部封漆，并粘贴防潮层（图1-65、图1-66）。但正常顺弯地板不会影响使用质量，安装时可自动整平。最后，查看产品资料是否齐全，正规的产品按照国家明文规定应该有一套完整的产品资料，包括生产厂家、品牌、产品标准、检验等级、使用说明、售后服务等资料，如果资料齐备，则说明该生产企业是具有一定规模的正规企业，即使出现问题也有据可查。

　　竹地板的施工方法与实木地板相同，只是竹地板的纤维较狭长，麻花钉钉入后容易造成板材开裂。因此，在现代施工中也可以不用木龙骨制作竹地板的基层构造，将竹地板当作强化复合木地板来安装。可以在地板的企口之间适当涂抹白乳胶，强化地板之间的紧固度。竹地板在施工期间应该严格控制环境的湿度，不宜在潮湿天气施工。铺装基层一定要经过防潮处理，如涂刷环氧地坪漆、铺装双层防潮毡、铺撒防潮剂等措施都能有效提高地板的铺装质量。铺装完成后，应该在房间周边的墙角缝隙处注入中性玻璃胶，以防聚集水分发霉。

九、木质线条

　　装饰线条在室内装饰装修工程中是必不可少的配件材料，主要用于划分装饰界面、层次界面、收口封边。装饰线条可以强化结构造型，增强装饰效果，突出装饰特色，部分装饰线条还可起到连接、固定的作用。木质线条造型丰富，可塑性强，制作成本低廉，从材料上分为实木线条与人造复合板线条，从形态上又分为平板线条、圆角线条、槽板线条等。

实木线条宽度规格（mm） 表1-3

平板线条		圆角线条		槽板线条	
规格	应用	规格	应用	规格	应用
10	玻璃压角	10～15	玻璃、隔板收口	20～40	相框、画框边角木构造装饰收口
15～18	隔板收口				
20～25	柜门、抽屉门收口	20～25	木构造装饰收口	50～80	门窗收口
30～35	台板、桌面收口				
40～50	木门侧边收口	30～35	台板、桌面收口	100～150	墙顶部装饰边角
60	门窗边套				

1. 实木线条

实木线条是使用车床将中高档原木挤压、裁切、雕琢而成，主要用于木质工程中门窗套、家具边角、家具台面等构造上。实木线条纹理自然、浑厚，尤其是名贵木材配合同类薄木装饰面板使用，装饰效果浑然一体，但成本较高。实木线条规格一般以宽度来区分应用部位（表1-3），一般为10～80mm，厚度应≥3mm，宽度≥60mm一般可以定制加工成各种花纹或条纹，厚度也相应可以增加（图1-67、图1-68），长度1800～3600mm不等。在选购实木装饰线条时，应该注意含水率须控制在11%～12%左右。

实木线条在施工中一般使用钉接与胶水粘接相结合，后期注意使用

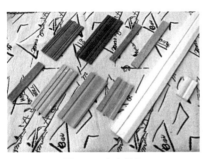

图1-67 实木线条

图1-68 实木踢脚线

图1-69 复合板线条

图1-70 复合板线条应用

同色灰膏修补钉头。安装实木踢脚线时应该在基层构造上涂刷防水涂料或铺贴防潮毡。

2. 复合板线条

复合板线条是以中密度纤维板为基材，表面通过贴塑、喷涂等工艺形成丰富的装饰色彩，一般配合复合板家具及装饰构造的收边封口，此外还用于强化复合木地板的踢脚线、分界线。复合板线条表面光洁，手感光滑，质感好。用肉眼观其直线度，表面必须相同，判定是否已因吸潮而变形。注意色差，每根线条的色彩应均匀，没有霉点、虫眼及污迹。选购时注意装饰表层是否粘接牢固，对于复合木地板配送的踢脚线条要注意留意是否有色差（图1-69、图1-70）。

在施工中，复合板线条有钉接、胶水粘接、金属卡口件连接等多种方法。由于复合板线条的规格与实木线条相当，只是稍许单薄些，可以弯曲成较大的弧形，一般多采用强力万能胶粘贴，至于厚度≥5mm的复合板线条还可以使用钉接工艺，只是要在钉头上套接塑料帽遮盖，因为复合板线条表面是不能填补腻子，更不会涂饰油漆。

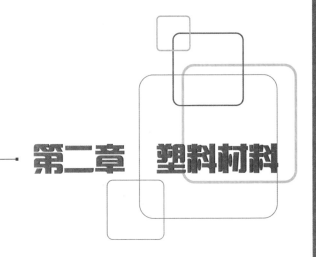

第二章　塑料材料

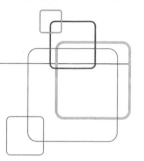

第二章　塑料材料

　　塑料材料成本较低，花色品种多，在现代家居装修中使用的频率越来越高，多用于非承重部位的外表装饰。但是塑料材料的质量参差不齐，优质产品外表多有覆膜层，安装完毕后待正式使用才能揭开。此外，塑料材料的品质还与生产工艺相关，优质产品的表面与边缘都应该光洁、平整，不应该有任何毛刺感。

一、PVC吊顶扣板

　　PVC全称为聚氯乙烯，这种板材适用范围很广，生活中有很多用品、器物都由PVC材料制作。一般PVC塑料板可以分为硬PVC板（图2-1）与软PVC板（图2-2）。其中硬PVC板大约占市场的70%，软PVC板占30%。硬PVC板具有优良的耐腐蚀性、绝缘性、柔韧性，且易成型、不易脆、无毒无污染、保存时间长，并有一定的机械强度，主要用于家具、构造的内外装饰板、容器衬板等，包括有色板与透明板两种。软PVC板一般用于墙地面铺设，但由于软PVC板中含有柔软剂，容易变脆，不易保存，所以它的使用范围受到了局限。

　　在家居装修中应用最多的就是PVC硬质吊顶扣板，因此又被称为塑料扣板或聚氯乙烯扣板，其主要原料为聚氯乙烯树脂，加入适量的抗老化剂、色料、改性剂等，经过捏合、混炼、拉片、切粒、挤出或压延、

图2-1　硬PVC板

图2-2　软PVC板

真空吸塑等工艺而制成的装饰板材。PVC吊顶扣板的收缩率相当低，一般为0.2%～0.6%，主要优点就是材质重量轻、安装简便、防水防潮、防蛀虫，表面的花色图案变化也非常多，并且耐污染、好清洗，有隔声、隔热的良好性能，特别是新工艺中加入阻燃材料，使其能够离火即灭，使用更为安全。与金属材质的吊顶板相比，不足之处是容易旧损，使用寿命相对较短。

PVC吊顶扣板图案品种较多，可供选择的花色品种有乳白色、米色与天蓝色等，图案有昙花、蟠桃、熊竹、云龙、格花、拼花等（图2-3～图2-5）。PVC吊顶扣板规格长度分为3m与6m两种，宽度一般为250mm，厚度有4mm、5mm、6mm等，价格为15～30元／m²。

选购PVC吊顶扣板时，首先要求外表美观、平整，板面应该平整光滑、无裂纹、无磕碰，能拆装自如，表面有光泽无划痕，用手敲击板面声音清脆。然后，查验板材的刚性与韧性，用力捏板材，如果捏不断则说明板质刚性好。查验韧性可折板边达180°，反复折叠10次以上，以板边不断裂则认定刚韧性好。还可以用指甲用力掐板面端头，不产生破裂则板质优良。优质板材不仅要刚性好，韧性也一定要好，板面色泽光亮，底板色泽纯白莹润。接着，根据安装的场所以及个人的爱好及环境的协调等因素，来挑选适宜自己家居空间的花色图案。仔细嗅闻板材，若带有强烈的刺激性气味，则说明对身体有害，应该选择无味、安全的产品吊顶。最后，看产品包装有无厂名、地址、电话、执行标准，如果缺项较多，则基本可以认定为伪劣产品或不是正规厂家生产。要求生产或经销单位出示其检验报告，而且应该特别注意抗氧化指标是否合格，才有

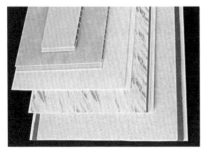

图2-3　PVC吊顶扣板（一）

图2-4　PVC吊顶扣板（二）

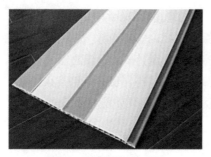

图2-5　PVC吊顶扣板（三）

图2-6　PVC吊顶扣板安装

利于防火。

安装PVC吊顶扣板非常简单，在基层制作木龙骨后，采用配套图钉固定即可。若发生损坏需要更新，可以将一端的压条取下，将板逐块从压条中抽出，用新板更换破损板，再重新安装压好压条，更换时应该注意尽量减少色差（图2-6）。长6m的扣板应当预先计算好吊顶空间的安装长度，根据测量尺寸裁切后再运输至施工现场。

二、UPVC吊顶扣板

UPVC吊顶扣板又称为塑钢扣板，其主要成分是UPVC，即高密度聚氯乙烯。它是氯乙烯单体经聚合反应而制成的无定形热塑性树脂加入添加剂（如稳定剂、填充剂等）组成，使其具有抗冲击性与耐候性等特殊性能，也可以认为是一种加强、加厚的PVC吊顶扣板，近年来被广泛应用。

UPVC吊顶扣板具有重量轻、不易变形、防水防火、防虫蛀、无毒无味、永不腐蚀、坚固耐用的特点。图案逼真，花色变化多，并且耐污染，好清洗，有隔声、隔热的良好性能，而且拼装方便、成本低、装饰效果好。因此在家居装修吊顶材料中占有重要位置，成为卫生间、厨房、封闭阳台等空间吊顶的主流材料。

相对于传统PVC吊顶扣板而言，UPVC吊顶扣板为多腔结构设计，隔声、隔热、保温性能卓越。塑钢扣板的材质密度大、抗老化，适应高温、潮湿等特殊地方使用。板材采用多重防水设计使塑钢型材具有非凡的气密性和防水性。板材使用绝缘材料，无毒无味，可回收再利用，安全系数高，符合现代环保生活要求。外观平整性更好，不变形、老化、褪色，质轻且坚固，更耐用，使用寿命长达30年，可供选择的花色、品种更多（图2-7、图2-8）。

选购UPVC吊顶扣板时，一定要向经销商索要质检报告和产品检测合格证。目测外观质量板面应平整光滑，无裂纹，无磕碰，能装拆自如，表面无划痕。用手敲击板面声音应该清脆。检查产品的测试报告，产品的性能指标应满足热收缩率≤0.4%，氧指数>30%，燃点>3000℃，吸水率<16%，吸湿率<5%。

UPVC吊顶扣板规格长度有3m与6m两种，宽度一般为120~300mm，厚度有6mm、8mm等多种，价格为40~80元／m²。

UPVC吊顶扣板的施工方法与传统PVC吊顶扣板相当。如果已经安装了传统PVC吊顶扣板，现在希望更换成新的UPVC吊顶扣板，可以自己动手更换，业主与家人操作起来并不难。首先，依次拆除原有PVC吊顶扣板，拆除时尽量小心谨慎，不要破坏了吊顶龙骨，如果发现吊顶龙骨松动则要固定。然后，开始裁切扣板，如果没有切割机也可以将裁切工作交给经销商来操作，根据预先测量的尺寸裁切即可，注意计算好用量。接着，将裁切成型的扣板安装上去，采用专用图钉固定，依次插入第二片板，直至安装完毕，最后一块板应该按照实际尺寸进行裁切，裁切时可以使用锋利的美工刀，用钢尺压住弹线裁切，装入时稍作弯曲就可插入上块板企口内，装完后两侧压条封口。最后，注意日常维护，UPVC吊顶扣板的耐水、耐擦洗能力很强，一般可以用清洗剂擦洗后，再用清水清洗。板缝间易受油渍，清洗时可以用刷子蘸清洗剂刷洗后，用清水冲

图2-7 UPVC吊顶扣板（一）

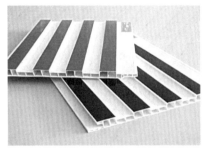

图2-8 UPVC吊顶扣板（二）

图2-9 UPVC吊顶扣板安装（一）

图2-10 UPVC吊顶扣板安装（二）

净，注意照明电路不要沾水。如果UPVC吊顶扣板型材损坏，更换也十分方便，只要将一端的压条取下，将板逐块从压条中抽出，用新板更换破损板再重新安装，压好压条即可。更换时应该注意新板与旧板的颜色应一样，不能有色差（图2-9、图2-10）。

★装修顾问★

中空钙塑板

　　中空钙塑板又被称为中空隔子板、万通板、瓦楞板、双壁板，是由聚丙烯（PP）、高密度聚乙烯（HDPE）树脂与各种辅料制作而成，它是一种重量轻、无毒、无污染、防水、防震、抗老化、耐腐蚀、颜色丰富的新型材料。中空板具有防潮、抗腐蚀等优势；相对于注塑产品，中空板具有防震、可灵活设计结构，不需开注塑模具等优势（图2-11、图2-12）。在家居装修常用于透光吊顶、背景墙、立柱灯箱、推拉门装饰板，使用时需要设计金属边框，规格为2440mm×1220mm，厚度一般为4mm、5mm、6mm等。

图2-11 中空钙塑板（一）

图2-12 中空钙塑板（二）

三、PC板

PC板的主要成分是聚碳酸酯，它是采用挤压技术生产的一种高品质塑料板材。PC板的透光率最高可达90%，可与玻璃相媲美，表面镀有抗紫外线（UV）涂层，在太阳光下暴晒能使板材不会发黄、雾化，可阻挡紫外线穿过，比较适合保护贵重艺术品及展品，使其不受紫外线破坏（图2-13、图2-14）。PC板的抗撞击强度是普通玻璃的250～300倍，是同等厚度亚克力板的30倍，是钢化玻璃的2～20倍。PC板的质量仅为玻璃的50%，节省运输、搬卸、安装以及支撑框架的成本。PC板在-100℃时不发生冷脆，在135℃时不软化，自身燃点是580℃，离火后自熄，燃烧时不会产生有毒气体，不会助长火势的蔓延。

PC板可以依照设计方案在施工现场采用冷弯工艺加工成拱形，最小弯曲半径为采用板厚度的170倍，也可以热弯。PC板的品种很多，主要有PC阳光板、PC耐力板等产品。

1. PC阳光板

PC阳光板又被称为聚碳酸酯中空板、玻璃卡普隆板，是以高性能的聚碳酸酯（PC）树脂加工而成（图2-15）。聚碳酸酯是一种无定型、无嗅、无毒、高度透明的无色或微黄色热塑性工程塑料，具有优良的物理机械性能，尤其是耐热性与耐低温性较好，在较宽的温度范围内具有稳定的力学性能，尺寸稳定性，电性能和阻燃性，可在-60～120℃下长期使用，无明显熔点。PC阳光板是中空的多层或双层结构，主要有白、

图2-13 透明PC板

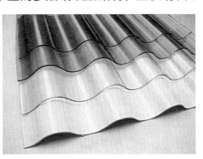

图2-14 波浪PC板

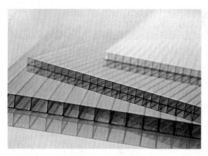

图2-15 PC阳光板

图2-16 PC阳光板雨棚

绿、蓝、棕等颜色，可以取代玻璃、钢板、石棉瓦等传统材料，质轻、安全、方便。该阳光板具有透明度高、质轻、抗冲击、隔声、隔热、难燃、抗老化等特点，是一种高科技、综合性能极其卓越、节能环保型的塑料板材，是目前国际上普遍采用的塑料材料。

　　PC阳光板主要应用于庭院雨棚（图2-16）、屋檐，阳光房的顶面或侧面围合，也可以用于室内装饰吊顶、灯箱、装饰墙板、推拉柜门等构造上，更适用制作阳光顶棚、围合隔断等构造。

　　PC阳光板的规格为2440mm×1220mm，厚度有4mm、5mm、6mm、8mm等多种，色彩主要有无色透明、绿色、蓝色、蓝绿色、褐色等，适用性非常强，如果需要改变阳光板的颜色，可以在板材表面粘贴半透明有色PVC贴纸。5mm厚的PC阳光板价格为60～100元／张。

　　选购PC阳光板时应该注意表面的光洁度，优质产品特别平整，其中竖向构造的外凸感不强或完全没有触感，低档产品则比较明显。还可以将板材弯曲，优质产品能在长度方向轻松达到首尾对接并且还有余地，弯曲弧形自然圆整，恢复后无变形。低档产品弯曲后呈椭圆形或不规则圆形。

　　安装PC阳光板时要用木板、不锈钢管等其他材料作边框，板材自身不能承载各种物件或构造，否则长久容易变形。户外使用PC阳光板要注意时常清洗，避免积落的灰尘酸，碱度过高，会对板材造成腐蚀。

2. PC耐力板

　　PC耐力板是一种实心板材，又被称为聚碳酸酯实心板、PC防弹玻璃、PC实心板、聚碳酸酯板等（图2-17），也有厂商将PC耐力板继续加工成波浪形，就变成了实心耐力瓦，有透明、湖蓝、绿、茶、乳白等多种颜色。PC耐力板的最大特点是耐冲击性能好，耐力板的冲击力最大可达到3kg/cm，是普通玻璃的200倍，比亚克力板强8倍，几乎没有断裂的危险性。PC耐力板的通透性好，采光极佳，透光率高达90％，而其透明度可以和玻璃相媲美。优质产品的表面UV剂（抗紫外线）具有吸收紫外线，并将其转化为可见光的特性，户外可保证10年不褪色，且PC耐力板自身不自燃并具有自熄性。PC耐力板在−30～130℃的环境中不会引起变形等任何品质变化。具备良好的耐寒性与耐热性。

由于PC耐力板的强度较高，在家居装修中可以取代玻璃（图2-18），适用于各种装饰背景墙、灯箱中的发光灯箱，特别适合不便安装玻璃的狭小空间、弧形空间。PC耐力板还可以制作成各种家具或构造，如展示台柜、书柜、酒柜，适合展示小件装饰品，在灯光的照射下，不会使玻璃产生偏蓝色或绿色的效果。PC耐力板的表面一般为平整透明或颗粒状（图2-19），如果希望变幻出更多色彩，还可以在板材表面粘贴半透明有色PVC贴纸。

PC耐力板的规格为2440mm×1220mm，厚度为2～15mm，也有厂家可以生产宽度达到2500mm的产品。常见的4mm厚的透明PC耐力板价格为30～50元／张。

选购PC耐力板时要注意品牌，这类产品的用量不大，应该尽量选购高档产品。优质产品表面贴有保护膜（图2-20），用手揭开保护

图2-17　PC耐力板

图2-18　PC耐力板顶棚

图2-19　颗粒PC耐力板

图2-20　PC耐力板表膜

膜的边角，如果揭开幅度均匀，膜与板材之间的结合度好则说明质量不错。如果表膜上存在划痕、气泡，则说明板材表面已经被外力划伤，不宜选购。保护膜要待装修完全结束后再揭开，避免积落灰尘或被划伤。

安装PC耐力板时，一定要有金属边框作支撑固定，防止板材变形。户外使用要定期保养，防止空气中的腐蚀物质对板材产生破坏。如果需要将PC耐力板切割异形，最好到专业的切割店面委托专业的技术人员操作，如切割成图形、文字等特殊形体。如果条件实在有限，还可以采用曲线切割机，但是不能通过高温熔解板材。在使用过程中还要特别注意，不能长时间处在卤素灯等高发热灯具附近，避免板材加速氧化发黄。

四、PMMA板

PMMA板又被称为聚甲基丙烯酸甲酯板或有机玻璃板、亚克力板，是由聚甲基丙烯酸甲酯聚合而成的塑料板材（图2-21）。

根据生产工艺，PMMA板可以分为浇铸板与挤出板两大类，其中浇铸板的密度较高，具有出色的刚度、强度以及优异的抗化学品性，适合在装修现场进行小批量加工，在颜色体系和表面纹理效果方面具有无法比拟的灵活性，且产品规格齐全，样式繁多（图2-22）。在家居装修中适用于各种定制加工的发光灯箱，用PMMA板制作的灯箱具有透光性能好，

图2-21 透明PMMA板　　　　图2-22 彩色PMMA板

颜色纯正，色彩丰富，美观平整，兼顾白天、夜晚两种效果，使用寿命长等特点。PMMA板挤出板的密度较低，机械性能稍弱。但是有利于折弯或热成型加工，在处理尺寸较大的板材时，有利于快速真空吸塑成型。同时，挤出板适用于大批量自动化生产，颜色和规格不便调整，所以产品规格多样性受到一定的限制。有机玻璃板的机械强度高，抗拉伸和抗冲击的能力比普通玻璃高7～18倍。它的重量轻，密度为1180kg/m^3，同样大小的材料，其重量只有普通玻璃的50%左右。

　　PMMA板具有极佳的透明度，无色透明有机玻璃板材，透光率达92%以上，比玻璃的透光度高，它对自然环境适应性很强，即使长时间经受日光照射、风吹雨淋也不会发生改变，抗老化性能好，能用于室外，它是目前最优良的高分子透明材料。板材的加工性能良好，既适合机械加工又易热弯成型（图2-23），并具有极其优异的综合性能，为现代家居装修设计提供了多样化选择，PMMA板可以染色，表面可以进行喷漆、丝网印刷或真空镀膜。PMMA板分为无色透明、有色、珠光等效果，其中无色板是以甲基丙烯酸甲酯为主要原料，在特定的硅玻璃模或金属模内浇筑聚合而成；有色板是在甲基丙烯酸甲酯单体中，配以各种颜料浇筑而成，又可分为透明有色、半透明有色、不透明有色三大类；珠光板是在甲基丙烯酸甲酯单体中加入了合成鱼鳞粉并配以各种颜料浇筑而成的。此外，PMMA板无毒，即使与人长期接触也无害，燃烧时所产生的气体也无毒害。

　　PMMA板属于家居高级装饰材料，如门窗玻璃、扶手护板、透

图2-23　PMMA板家具

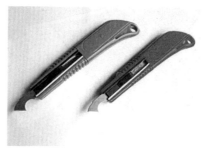

图2-24　美工钩刀

光灯箱片等，在室内家居装修中可以替代面积不大的普通玻璃。PMMA板的常见规格为2440mm×1220mm、1830 mm×1220mm、1250mm×2500mm、2000mm×3000mm，厚度为1～50mm不等，价格也因此而不同。常用的2440mm×1220mm×3mm透明PMMA板价格一般为20～30元／张。

选购PMMA板要注意产品品牌，中高档品牌双面都贴有覆膜，普通产品只是一面有覆膜，覆膜表面应该平整、光洁，没有气泡、裂纹等瑕疵，用手剥揭后能够感到具有次序的均匀感，无特殊阻力或空洞。对整张板材进行弯曲会感到张力较大，富有弹性。

在施工过程中，由于PMMA板质地比较脆，易溶于有机溶剂，表面硬度不大，耐磨性较差。运输时需要注意原材料的完整性，防止划伤表面，安装时需要配合金属边框，防止损坏板材。对PMMA板进行加工时应用专业的美工钩刀进行裁切（图2-24），对于弧形应预先画好轮廓，先在轮廓外围裁切成多边形，再用钩刀改为弧形，最后还需采用0号与1000号砂纸先后打磨边缘，使其保持圆滑平整。

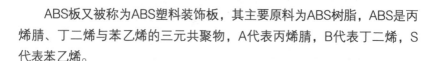

五、ABS板

ABS板又被称为ABS塑料装饰板，其主要原料为ABS树脂，ABS是丙烯腈、丁二烯与苯乙烯的三元共聚物，A代表丙烯腈，B代表丁二烯，S代表苯乙烯。

　　ABS树脂是目前产量最大、应用最广泛的聚合物，兼具韧、硬、刚相均衡的优良力学性能。ABS塑料一般是不透明的，外观呈浅象牙色（图2-25），也有少量彩色产品（图2-26）。ABS塑料具有优良的综合性能和极好的冲击强度，尺寸稳定性、电性能、耐磨性、抗化学药品性、染色性，以及成型加工和机械加工较好，能耐水、无机盐、碱与酸类物质。

　　ABS板用于装饰构造与家具制作，可以在一定程度上代替传统木材、油漆、玻璃饰面，当木质构造、家具制作完成后，可以将ABS板覆盖在表面作装饰，能给人以晶莹透彻的质感，但是又不像玻璃容易破裂或给人以冰冷的感觉。由于ABS板价格较高，一般只用于家居装修的重点部位或追求光洁的家具、构造表面，如现场制作的衣柜推拉门（图2-27）、书桌柜台板、电视背景墙等。

　　ABS板规格厚度为1~150mm，宽度在1300mm以内，长度可根据设计的需求定制，一般≤2m。常用的2000mm×1500mm×3mm白色ABS板价格为200~250元/张，ABS塑料装饰板的缺点在于不耐热、易燃、耐候性较差，故不宜将其设计在近火源以及气候变化频繁处。

　　选购ABS板时要注意产品品牌，中高档品牌双面都贴有覆膜，普通产品只是一面有覆膜，覆膜表面应该平整、光洁，没有气泡、裂纹等瑕疵，用手剥揭后能够感到具有次序的均匀感，无特殊阻力或空洞（图2-28）。对整张板材进行弯曲会感到张力较大，富有弹性。

　　在施工中，对ABS板进行加工时应该使用专业的美工钩刀进行裁切，

图2-25　浅色ABS板

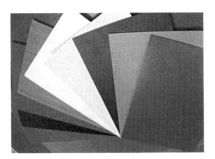

图2-26　彩色ABS板

图2-27 ABS板饰面家具

图2-28 ABS板揭膜

对于弧形应该预先画好轮廓，先在轮廓外围裁切成多边形，再用钩刀改为弧形，最后还需采用0号与1000号砂纸先后打磨边缘，使其保持圆滑平整；加工厚度≥3mm的ABS板时须用小型切割机或雕刻机裁切。裁切好的ABS板多采用强力万能胶粘贴至木材、塑料、金属等基层界面上，也可以将板材镶嵌至预制成型的构造边框中，还可以采用螺钉固定在木质构造表面，只不过钉头部位应该采用同色腻子修补遮掩。

六、PS板

　　PS板又被称为泡沫板或聚苯乙烯塑料板，以聚苯乙烯为主要原料，经过挤出而成，是一种热塑性塑料，能自由着色，无味无毒，不会滋生细菌，具有刚性、绝缘、印刷性好等优点（图2-29）。它具有一定的机械强度和化学稳定性，透光性好，仅次于有机玻璃，着色性佳，并且容

图2-29 PS板

图2-30 PS板贴墙

易成型，缺点是耐热性太低，只有80℃，不能耐沸水，性脆且不耐冲击，制品易老化出现裂纹，易燃烧，燃烧时会冒出大量有毒黑烟，有特殊气味。

PS板大量用于家居装饰构造中的隔声、保温层（图2-30），以及轻质板材的夹芯层。较单薄的PS板也被称为PS防潮垫，用于木地板铺装基层（图2-31、图2-32）。由于泡沫塑料板具有不耐热、性脆、不耐冲击等缺点，故泡沫塑料板很少用于高档装饰。

PS板的规格为2000mm×1000mm，厚度为3～120mm，其中40～60mm厚的板材最常用，价格为15～20元／张。

选购PS板时，首先，注意产品的质地，优质产品应该富有弹性，用手用力按压会立即内凹，稍候能均匀反弹直至恢复原状。然后，注意板材色彩，优质产品应为白色，而米黄色、浅蓝色的杂质较多，为二次加工产品，至于颜色更深的中黄色、土黄色、蓝绿色等产品的弹性就很差了，其隔声效果也不好。最后，可以用手掂量一下板材，优质产品应该特别轻盈，能够用手指轻松拾起，稍有空气流动即会被吹动，而劣质产品较重，容易用手掰断或掰裂。

在施工过程中，使用PS板要特别注意防火，将泡沫塑料板密封在防火装饰构造中或与火源保持距离。在制作房间的石膏板隔墙、隔墙家具时，往往都会在墙体龙骨或板材之间填充一定厚度的PS板，表面再封闭石膏板等面材，这样能达到良好的隔声效果。填塞的板材应当平整而无任何弯曲，缝隙应紧密而无空隙，以免达不到隔声效果。

图2-31　PS防潮垫

图2-32　PS防潮垫铺地

图2-33　KT板（一）

图2-34　KT板（二）

★装修顾问★

KT板

KT板是一种PS发泡板材，板芯采用PS颗粒发泡，然后在表面覆膜压合而成的一种新型材料（图2-33）。KT板板体挺括、轻盈、不易变质、易于加工，常用于家具、构造中的细节装饰造型，或用于需要喷绘图案、图形的局部装饰墙面。KT板的板芯常见颜色有白、黑、红、蓝、黄、绿等多种（图2-34），主要品种有纸面板、密度板、彩色板、背胶板等。

KT板的规格多为2400mm×900mm和2400mm×1200mm，厚度为3.5～6mm，压合的PVC面皮厚度为0.16mm，而2400mm×900mm的小板现大多用0.08～0.1mm面皮，由此来加强板的挺度，胶水在面皮与板芯同时涂抹相互粘贴，待24h后切边修整。在使用中要注意避免板芯接触腐蚀性胶水，不宜长时间放置在室外或阳光直射部位，避免板材风化萎缩，安装时要采用硬质塑料或金属边框固定。

七、塑料地板

塑料地板，即采用塑料材料铺设的地板，以高分子化合物所制成的地板覆盖材料称为塑料地板。其基本原料主要为聚氯乙烯（PVC），具有较好的耐燃性与自熄性，加上它可以通过改变增塑剂和填充剂的加入量以变化性能，所以，目前PVC塑料地板使用面最广。

1. 塑料地板种类

塑料地板按其使用状态可以分为块材（或地板砖）与卷材（或地板

★装修顾问★

塑料地板的类型

A型产品为通用型，是由表面耐磨层、装饰发泡层、浸渍层3层结构组成的，主要适用于卧室。B型产品为防卷翘型，它在A型的基础上增加了一层紧密的背衬，主要适用于卧室、起居室。C型产品具有机械发泡背衬的特点，比A、B型更耐磨，且有隔声性能，主要适用于起居室和公共场所。D型产品为舒适、隔声型、有近似织物地毯的舒适脚感，适用于儿童场所、高级客房等需要舒适隔声的房间。E型为防潮、防霉的薄型产品，适用于卫生间和厨房的地面及墙壁。F型产品为高强度、高载重、高耐磨型，多用于高档公共场所，不仅能够满足室内装饰的需求，还能提升生活的品质。

革）两种，按其材质可以分为硬质、半硬质、软质（弹性）3种。

块材地板的主要优点是，在使用过程中如果出现局部破损，可以局部更换而不影响整个地面的外观。但接缝较多，施工速度较慢。块材地板为硬质或半硬质地板，质量可靠，颜色有单色或拉花两个品种，其厚度≥1.5mm，属于低档地板，可以解决混凝土地面冷、硬、灰、潮、响的缺点，使环境能够得到一定程度上的美化（图2-35）。

软质卷材地板大部分产品的厚度只有0.8mm，它解决不了冷、硬、响的弊病，还由于其强度低，使用一段时间后，绝大部分会发生起鼓及边角破裂等现象。弹性卷材地板也能解决混凝土地面的冷、硬、灰、潮、响的缺点。纹样自然、逼真，有仿木纹、仿石纹、仿织物纹样的图案（图2-36），装饰效果好，脚感舒适，采用不燃塑料制造，不易引起火灾。表面的耐磨层强度高，它的舒展性能、防卷翘性能、抗收缩性能、防水

图2-35 块材塑料地板

图2-36 卷材塑料地板

图2-37　卷材塑料地板

图2-38　卷材塑料地板铺装

防霉性能、耐磨性等，较之市场上现有的以无纺布、纸或再生塑料作基材，表面又不耐磨的廉价地板，其质量、性能要优越得多（图2-37）。

2. 塑料地板特性

1）防水防滑

塑料地板表面密度高，遇水不滑，家居铺装可解除老年人及儿童的安全顾虑，其特性是石材、瓷砖等所无法比拟的（图2-38）。

2）超强耐磨

地面材料的耐磨程度，取决于表面耐磨层的材质与厚度，并非单看其地砖的总厚度。塑料地板表面覆盖0.2～0.8mm厚的高分子特殊材质、耐磨程度高，为同类产品中最佳（图2-39）。

3）质轻

施工后之重量。比木地板施工后的重量轻10倍，比瓷砖施工后的重量轻20倍，比石材施工后的重量轻25倍，最适合高层建筑住宅室内装修，能够减低建筑的承重，安全性有保证，且搬运方便（图2-40）。

图2-39　块材塑料地板（一）

图2-40　块材塑料地板（二）

4）导热保暖性好

导热只需几分钟，散热均匀，绝无石材、瓷砖的冰冷感觉，适用于安装在有地暖的房间。

★装修顾问★

橡胶地板与泡沫地垫

橡胶地板是天然橡胶、合成橡胶和其他成分的高分子材料所制成的地板。丁苯、高苯、顺丁橡胶为合成橡胶，是石油的附属产品。天然橡胶是指从人工培育的橡胶树上采集下来的橡胶。橡胶地板属于环保地板，因为所有的材料都是由无毒无害的环保材料及高分子环保材料组成。一般用于家居儿童房、视听室、户外阳台等地面（图2-41、图2-42）。

泡沫地垫又被称为EVA地垫，主要由乙烯（E）及乙烯基醋酸盐（VA）所组成，弃掉或燃烧时不会对环境造成伤害，价格适中，密度为0.9kg/m³，熔点为120～140℃，质地柔软具有弹性，对水分、盐分及其他物质具有耐腐蚀性。泡沫地垫目前主要有卷材与块材两种规格，卷材规格为2400mm×1200mm，厚度为5～20mm不等。泡沫地垫块材规格多样，大型超市均可购买，在使用中直接铺开插接即可，不用时还可以收纳起来（图2-43、图2-44）。

图2-41 橡胶地板（一）

图2-42 橡胶地板（二）

图2-43 泡沫地垫（一）

图2-44 泡沫地垫（二）

5）保养方便

塑料地板易于保养，易擦，易洗，易干，使用寿命长，平常用清水拖把擦洗即可，若遇污渍，用橡皮擦或稀料擦拭即可干净。

6）绿色环保

无毒无害，对人体、环境绝无副作用，且不含放射性元素。通过防火测试，离开火源即自动熄灭，生命安全有保障。通过各项专业指标测试，防潮、防虫蛀、不怕腐蚀。

3．塑料地板的价格

塑料地板按其色彩可以分为单色与复色两种。单色地板一般用新方法生产，价格略高些，约有10～15种颜色。塑料地板的装饰效果好，其品种、花样、图案、色彩、质地、形状的多样化（图2-45、图2-46），能够满足不同人群的爱好和各种用途的需要，如模仿的天然材料，十分逼真。塑料地板的价格与地毯、木质地板、石材、陶瓷地面材料相比，其价格相对便宜。常见的软质卷材地板成卷销售，也可以根据实际的使用面积按直米裁切销售，一般产品宽度为1.8～3.6m，10m／卷，裁切后铺装到家居地面，平均价格为15～20元／m²。

4．塑料地板选购

1）外观质量

优质产品的表面应该平整、光滑、无压痕、折印、脱胶，周边方正，切口整齐，关注颜色、花纹、色泽、平整度和伤裂等状态。一般在600mm的距离外目测不可以有凹凸不平、光泽与色调不匀、裂痕等现象。要求塑料地板能够在长期荷载或疲劳荷载的状态下依旧保持较好的弹性回复率。

图2-45　塑料地板铺装（一）

图2-46　塑料地板铺装（二）

2）耐磨耗性

耐磨耗性是塑料地板的重要性能指标之一，可以采用360号砂纸在塑料地板表面反复打磨10～20次，若表面无褪色或划痕即为合格。还可以用4H绘图铅笔在地板表面进行用力刻划，如没有划痕即为合格。容易划伤的塑料地板则说明不耐用，很快就会被磨穿。

3）阻燃性

塑料在空气中加热容易燃烧、发烟、熔融滴落，甚至产生有毒气体。如聚氯乙烯塑料地板虽具有阻燃性，但一旦燃烧，会分解出氯化氢气体，危害人体健康。可以用打火机点燃塑料地板的边角，优质地板材料离开火焰后会自动熄灭。从消防的角度出发，应该选用阻燃、自熄性塑料地板。

4）耐久性及其他性能

在大气氧化的作用下，塑料地板可能会出现失光、变少、龟裂及破损等老化现象。耐久性很难通过一次测定，必须通过长期使用观测。关注其他性能，如抗冲击、防滑、导热、抗静电、绝缘等性能也要好。质量差的地板遇到化学药品会出现斑点、气泡，受污染时会褪色、失去光泽等，所以使用时必须谨慎选择。

5．塑料地板施工

施工时无须水泥沙子，也不需要大兴土木，专用胶浆铺贴，快速简便，但是基层界面应该预先处理平整并作防潮处理。基层处理可以采用自流地坪水泥找平地面，涂刷防潮涂料或环氧树脂地坪漆后再铺装。如果条件有限可以在地面涂抹1∶1的水泥砂浆罩光后再铺装塑料地板。铺装时可以将环氧树脂地板胶粘剂涂刷在地面上，铺贴塑料地板即可。

塑料地板铺装后可以用刮板与橡皮锤整平其中的气泡，48h以后才能上人踩压，72h后才能摆放家具，在此期间不能在上面覆盖重物压载，避免产生皱褶或更大的气泡。

八、塑料线条

塑料线条是用硬聚氯乙烯塑料（PVC）制成，其耐磨性、耐腐蚀性、绝缘性较好，经加工一次成形后无须装饰处理。

塑料装饰线条品种繁多，可以在很多的装饰构造中应用，正逐步取代传统的木质线条，价格低廉，色彩丰富，强度高。尤其是规格与造型设计多样，表面色彩纹理可以通过贴塑、印刷等多种手法处理（图2-47、图2-48）。低档塑料装饰线条的质感、光泽性、装饰性欠佳，价格低廉，高档的塑料纤维装饰线条具有加工精细、花纹精美、色彩柔和等特点，但是价格较高。

塑料线条的品种一般包括复合木地板配套线条（图2-49、图2-50）、扣板吊顶线条（图2-51、图2-52）、瓷砖转角线条（图2-53、图2-54）3类。塑料装饰线条的具体形式有压角线、压边线、封边线等几种，其外形和规格与木线条相同。

塑料线条的常用宽度为10～30mm不等，常用长度为1.8m、2.4m、3.6m。塑料线条的价格很低，表面平整的产品平均价格为3～5元／m，

图2-47　木地板踢脚线条

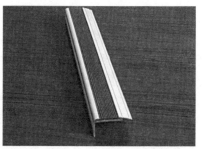

图2-48　木地板收边线条

图2-49　木地板接缝线条

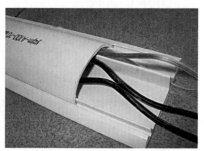

图2-50　木地板电线护套线条

特殊规格或花色的产品大多不超过20元／m。安装塑料线条时应该根据线条的特征选用不同的方式，通常采用螺钉、卡口件固定或胶粘剂固定。

选购塑料线条时，首先，关注表面装饰层的材料，单色塑料线条一般是材料的固有色，一般不会褪色或变色，如果表面装饰层是贴膜，就要观察贴膜的紧密程度，尤其是用于卫生间的塑料线条，最好用指甲剥揭一下，如果粘贴很紧则可以放心选购。然后，用360号砂纸打磨线条表面，如果很容易褪色或变色则说明质量太差，优质的线条一般不会轻易褪色。接着，注意线条的厚度，合格产品的片状截面厚度应≥1mm，有的线条虽然比较硬朗，但是内部为空心的管状形态，并不能满足高强度施工或长期使用的要求。最后，准确计算好用量，虽然塑料线条的价格低廉，但是在安装施工中要尽量避免在直边上出现接头，因此要测量施工部位的尺度，对比购买产品的长度规格，精确计算好购买数量，否则浪费也不小。

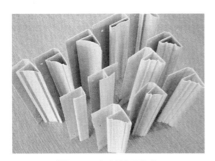

图2-51 扣板吊顶线条

图2-52 扣板吊顶线条应用

图2-53 瓷砖转角线条

图2-54 瓷砖转角线条应用

　　塑料线条的施工方法比较简单，直接采用强力万能胶涂抹在线条背面，等待2min左右即可将线条粘贴在指定界面上。但是强力万能胶不适用于乳胶漆、真石漆等涂料界面，可以适当选用中性玻璃胶作辅助粘贴。在金属或木质材料表面粘贴塑料线条时，最好配合螺丝或其他卡扣件固定。

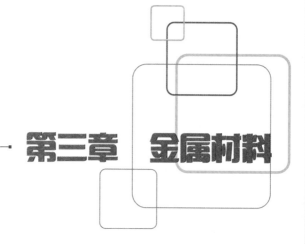

第三章　金属材料

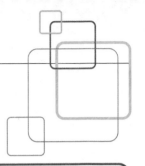

第三章　金属材料

金属材料价格较高，在家居装修中主要用于承载力荷或局部装饰，金属材料的特点是强度高，表面光洁明亮，即使覆有涂层也显得十分硬朗。现代家居装修追求前卫、时尚的风格，金属原色也能展现业主的个性。选购金属材料的关键在于认清材质名称、观察材料厚度、辨析饰面涂层。同时，在装修中也不能完全依赖金属材料，避免因价格过高造成不必要的浪费。

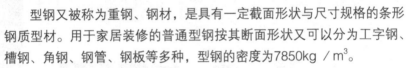

一、型钢

型钢又被称为重钢、钢材，是具有一定截面形状与尺寸规格的条形钢质型材。用于家居装修的普通型钢按其断面形状又可以分为工字钢、槽钢、角钢、钢管、钢板等多种，型钢的密度为7850kg／m³。

型钢便于机械加工、结构连接与安装，还易于拆除、回收。与混凝土相比，型钢加工所产生的噪声小，粉尘少，自重轻，基础施工取土量少，对土地资源破坏小。此外，大量减少混凝土用量能够减少开山挖石量，有利于生态环境的保护。待建筑结构的使用寿命到期后，结构拆除后，产生的固体垃圾量小，废钢资源回收价值高。型钢施工速度约为混凝土构造的2～3倍，型钢用于装修结构时须刷2～3遍防锈漆，否则生锈侵蚀容易造成尺寸减小，影响受力，有防火要求的型钢还要涂刷防火涂料。

1. 工字钢

工字钢又被称为钢梁，是截面为工字形的长条型钢（图3-1、图3-2），其规格以腰高×腿宽×腰厚尺寸来表示，如工160mm×88mm×6mm，即表示腰高为160mm、腿宽为88mm、腰厚为6mm的工字钢。工字钢的规格也可以用型号表示，型号表示腰高的厘米数，如工16#。腰高相同的工字钢，如有几种不同的腿宽与腰厚，需在型号右边加a、b、c予以区别，如22#a、22#b等（表3-1）。

工字钢主要分为普通工字钢、轻型工字钢与H型钢三种。普通工字

图3-1 工字钢

图3-2 H型钢

钢、轻型工字钢的翼缘截面是靠近腹板部厚，而远离腹板部薄，H型钢的翼缘是等截面。目前，普通工字钢、轻型工字钢已经形成国家标准，在家居装修中最常用到的是普通工字钢与轻型工字钢，普通工字钢与轻型工字钢由于截面尺寸均相对较高、较窄，一般仅能直接用于在其腹

常用普通工字钢规格   表3-1

规格	腰高（mm）	腿宽（mm）	腰厚（mm）	重量（kg/m）
10#	100	68	4.5	11
12#	120	74	5	14
14#	140	80	5.5	17
16#	160	88	6	21
18#	180	94	6.5	24
20#a	200	100	7	28
20#b	200	102	9	31
22#a	220	110	7.5	33
22#b	220	112	9.5	37
25#a	250	116	8	38
25#b	250	118	10	42
28#a	280	122	8.5	43
28#b	280	124	10.5	48

板平面内受弯的构件或将其组成网格状受力构件。H型工字钢又被称为宽翼缘工字钢，其形态与规格源于欧洲标准，现在我国也在生产。H型钢属于高效截面钢材，由于截面形状合理，它们能使钢材更高地发挥效能，提高承载能力。不同于普通工字钢的是H型钢的翼缘较宽，而且内、外表面通常是平行的，这样可以便于采用高强度螺丝与其他构件连接。其尺寸构成合理，型号齐全，便于设计选用。

在家居装修施工中，应该依据力学性能、化学性能、可焊性能、结构尺寸等选择合理的工字钢进行使用。工字钢一般用于架空楼板的立柱、横梁，悬挑楼板的挑梁，或用于加强住宅建筑构造的支撑结构，对于室内净空较高的住宅，一般都会采用工字钢作为架空层的基础构件，使用时要注意精确计算承载力荷，防止原有楼板坍塌造成装修事故。工字钢除了上述截面规格外，一般长度为6m，具体价格受国际钢材行情波动的影响，但是整体价格较高，因此须作精确计算后再采购。

2. 槽钢

槽钢是截面为凹槽形的条形钢质型材（图3-3、图3-4）。槽钢规格的表示方法，如120mm×53mm×5mm，即表示腰高为120mm、腿宽为53mm、腰厚为5mm的槽钢，或称12#槽钢。腰高相同的槽钢，如有几种不同的腿宽与腰厚也需在型号右边加a、b、c予以区别，如20#a、20#b等（表3-2）。

槽钢分为普通槽钢与轻型槽钢，热轧普通槽钢的规格为5#～20#。在相同的高度下，轻型槽钢比普通槽钢的腿窄、腰薄、重量轻，18#～40#

图3-3　槽钢（一）

图3-4　槽钢（二）

常用普通槽钢规格 表3-2

规格	腰高（mm）	腿宽（mm）	腰厚（mm）	重量（kg/m）
5#	50	37	4.5	5
6.3#	63	40	4.8	7
8#	80	43	5	8
10#	100	48	5.3	10
12#	120	53	5.5	12
12.6#	126	53	5.5	12
14#a	140	58	6	15
14#b	140	60	8	17
16#a	160	63	6.5	17
16#b	160	65	8.5	20
18#a	180	68	7	20
18#b	180	70	9	23
20#a	200	73	7	23
20#b	200	75	9	26

槽钢为大型槽钢，5#~16#槽钢为中型槽钢，进口槽钢须标明实际规格尺寸及相关标准。槽钢的进出口订货一般是在确定相应的碳结钢（或低合金钢）钢号后，以使用中所要求的规格为主。除了规格号以外，槽钢没有特定的成分与性能划分。依照钢结构的理论看，槽钢是翼板受力，常与工字钢配合使用，作为主要承重构件。槽钢的表面质量及几何形状一般要求不能存在用途上的有害缺陷，不得有显著的扭转。

在家居装修施工中，选用槽钢的方式与工字钢基本一致。槽钢一般用于辅助架空楼板的立柱、横梁，悬挑楼板的挑梁，或用于加强住宅建筑构造的支撑结构，槽钢主要辅助工字钢作为架空层的基础构件，使用时要注意精确计算承载力荷，防止原有楼板坍塌而造成装修事故。槽钢除了上述截面规格外，一般长度为6m，具体价格受国际钢材行情波动的影响，但是整体价格较高，因此须作精确计算后再采购。

3. 角钢

角钢又被称为角铁，是两边互相垂直形成角形的钢质型材（图3-5、图3-6），有等边角钢与不等边角钢之分。等边角钢的两个边宽相等，其规格以边宽×边宽×边厚来表示。如∠40mm×40mm×4mm，即表示边宽为40mm、边厚为4mm的等边角钢。此外，角钢还可以用型号表示，型号是边宽的厘米数，如∠4#。由于型号表示不能反映厚度尺寸，因而在采购中需要将角钢的边宽、边厚尺寸标注清楚，避免单独用型号表示。不等边的角钢是指断面为角形且两边长不相等的钢材，它的截面高度按不等边角钢的长边宽来计算。不等边角钢的边长为25mm×16mm ~200mm×125mm，由热轧轧机轧制而成，一般不等边角钢的规格为∠50mm×32mm ~200mm×125mm，厚度为4~18mm。

目前，在装修中常见的国产角钢都是等边角钢，钢规格为2.5#~8#，以边长的厘米数为号数，同一号角钢常有2~7种不同的边厚（表3-3）。进口角钢标明两边的实际尺寸及边厚并注明相关标准。一般边长＞125mm以上的为大型角钢，50~125mm之间的为中型角钢，边长＜50mm的为小型角钢。进出口角钢的订货一般以使用中所要求的规格为主，其钢号为相应的碳结钢钢号。只是角钢除了规格号之外，再无特定的成分与性能区分。

图3-5　角钢（一）

图3-6　角钢（二）

常用普通角钢规格 表3-3

规格（mm）	重量（kg/m）	规格（mm）	重量（kg/m）	规格（mm）	重量（kg/m）
25×3	1	50×6	4	70×8	8
25×4	1	60×5	5	75×5	6
30×3	1	60×6	5	75×6	7
30×4	2	63×4	4	75×7	8
40×3	2	63×5	5	75×8	9
40×4	2	63×6	6	75×10	11
40×5	3	63×8	7	80×6	8
50×3	2	70×6	6	80×8	10
50×4	3	70×6	6	80×10	12
50×5	4	70×7	7		

　　角钢的表面质量在标准中有规定，一般要求在使用上不能存在有害的缺陷，如分层、结疤、裂缝等。角钢几何形状偏差的允许范围在标准中也有规定，一般包括弯曲度、边宽、边厚、顶角、理论重量等项，并规定角钢不得有显著的扭转。角钢销售应该成捆包装，运输与储存均需注意防潮。角钢除了上述截面规格外，长度一般均为6m，运输与储存均需注意防潮。角钢的具体价格受国际钢材行情波动的影响，但是整体价格较高，因此须作精确计算后再采购。

　　在装修施工中，由于角钢属于建造用碳素结构钢，属于简单断面钢材，在使用中一般配合工字钢与槽钢使用，主要用于大型家具、楼梯、雨棚、吊顶、构造、电器设备安装的支撑构件，或配合工字钢、槽钢作为局部承载补充。焊接时角钢应该搁置在工字钢、槽钢等中大型钢材的上表面，使承重载荷均匀分地散在角钢上。焊接部位应该牢固，不应该出现虚焊，焊接后应该在焊接部位及时涂刷防锈漆，避免生锈。焊接完成的构造应该按照设计使用的要求承载重荷，不能临时承载超重物件。后期饰面构造不能破坏焊接构造。

4. 钢管

钢管是一种中心镂空的钢质型材，在传统建筑工业中，用钢管制造建筑结构网架、支柱、机械支架，可以减轻自身重量，节省20%～40%的金属，从而降低建造成本，在家居装修中也能够起到同样的效果。钢管可以实现工厂化、机械化生产，任何其他类型的钢材都不能够完全代替钢管，但钢管可以代替部分钢材。钢管按生产方法可以分为无缝钢管与有缝钢管两大类。

1）无缝钢管

无缝钢管是一种具有中空截面、周边没有接缝的长条钢材（图3-7）。无缝钢管采用优质碳素钢或合金钢制成，有热轧、冷轧（拔）之分。无缝钢管具有中空截面，可用作输送流体的管道，如输送石油、天然气、煤气、水及某些固体物料的管道等。无缝钢管与圆钢等实心钢材相比，在抗弯抗扭强度相同时，重量较轻，是一种经济截面钢材。无缝钢管可以用于液体气压管道与气体管道等，如家居装修中的各种热水管、暖气管、空调管，也可以用来搭建钢质脚手架等。

2）有缝钢管

有缝钢管又被称为焊接钢管，或简称焊管，是用钢板或钢带经过卷曲成型后焊接制成的钢管（图3-8）。有缝钢管生产工艺简单，生产效率高，品种规格多，设备投资少，但一般强度低于无缝钢管。随着优质带钢连轧生产的迅速发展以及焊接与检验技术的进步，焊缝质量不断提高，有缝钢管的品种规格日益增多，并在越来越多的领域代替了无缝钢

图3-7　无缝钢管

图3-8　有缝钢管

常用普通钢管规格

表3-4

外径（mm） / 重量（kg/m） / 壁厚（mm）	3	4	5	6
32	2.1	2.8	3.3	3.8
38	2.6	3.4	4	4.7
42	2.9	3.7	4.6	5.3
45	3.1	4	5	5.8
50	3.5	4.5	5.5	6.5
54	3.8	5	6	7.1
57	4	5.2	6.4	7.5
60	4.2	5.5	6.8	8
63.5	4.5	5.9	7.2	8.5
68	4.8	6.3	7.8	9.2
70	5	6.5	8	9.5
73	5.2	6.8	8	10
76	5.4	7.1	8.8	10.4
89	6.4	8.4	10.4	12.3
108	7.8	10.3	12.7	15.1

管（表3-4）。有缝钢管按焊缝的形式还可以分为直缝焊管与螺旋焊管。直缝焊管生产工艺简单，生产效率高，成本低，发展较快。螺旋焊管的强度一般比直缝焊管高，能用较窄的坯料生产管径较大的焊管，还可以用同样宽度的坯料生产管径不同的焊管。但是与相同长度的直缝管相比，焊缝长度增加30%~100%，而且生产速度较低。因此，较小口径的焊管大都采用直缝焊，大口径焊管则大多采用螺旋焊。有缝钢管可以用于家居装修中的输水管道、煤气管道、暖气管道、电气管道等。

此外，钢管按横截面形状的不同可以分为圆形钢管与异形钢管。由

图3-9 矩形钢管

图3-10 伪劣钢管

于在周长相等的条件下，圆形的面积最大，圆环截面在承受内部或外部径向压力时，受力较为均匀，用圆形管可以输送更多的流体，因此，绝大多数钢管是圆管。但是圆管也有一定的局限性，如在受平面弯曲的条件下，圆管就不如方、矩形管抗弯强度大，一些装修构造的骨架、重型家具等就常用方、矩形管。根据不同用途还需要有其他截面形状的异形钢管。异形钢管是指各种非圆环形断面的钢管，其中主要有方形管、矩形管（图3-9）、椭圆管、扁形管、平行四边形管、多层管等。

由于钢管规格较多，选购钢管时要注意鉴别质量。伪劣钢管强度不高，易于出现折叠现象。如果钢管表面有麻面现象，则是由于轧槽磨损严重引起钢材表面不规则的凹凸不平的缺陷。伪劣钢管材质不均匀，杂质多，表面有结疤、裂纹、毛刺现象（图3-10）。伪劣钢管呈淡红色或

★装修顾问★

沥青混凝土对钢材性能产生影响的因素：

（1）碳。含碳量越高，钢的硬度就越高，但是可塑性与韧性就越差。

（2）硫。是钢中的有害杂物，含硫较高的钢在高温条件下进行压力加工时，容易脆裂，通常叫作热脆性。

（3）磷。能使钢的可塑性及韧性明显下降，特别是在低温下这种现象更为严重，称为冷脆性。在优质钢中，硫与磷要严格控制．但从另一个方面看，在低碳钢中含有较高的硫与磷，能够使其切削易断，对于改善钢的裁切是有利的。

（4）锰。能够提高钢的强度与其他不良影响，含锰量很高的高合金钢（高锰钢），具有良好的耐磨性与物理性能。

类似生铁的颜色，横截面呈椭圆形，原因是厂家为了降低成本，成品辊压的力量偏大，这种钢管的强度大大地下降。

在装修施工中，选用钢管应该根据需要来定。钢管一般用于辅助架空楼板的横梁，悬挑楼板的挑梁，重型家具、构造的支撑构件，钢管主要辅助工字钢、槽钢进行加工，使用时要注意精确计算承载力荷。钢管除了上述截面规格外，一般长度为6m。焊接钢管之前应该预先在钢管焊接的基础上开凿相同规格的孔洞，将钢管插入孔洞后再进行焊接，不应该腾空焊接，否则就会丧失选用钢管承载重荷的意义了。

5．钢板

钢板又被称为薄钢，是平板状，外观呈矩形的钢质型材，可以直接轧制或由宽钢带剪切而成。钢板按厚度可分为，薄钢板＜4mm（最薄0.2mm），厚钢板4～60mm，特厚钢板60～115mm。

钢板按轧制分为热轧与冷轧两种，薄钢板的宽度为500～1500mm，厚钢板的宽度为600～3000mm。钢板的规格也可以根据厚度进行标识，如厚20mm的钢板即为20#。钢板按照品种分，有普通钢、优质钢、合金钢、不锈钢、耐热钢、硅钢等，按照表面涂镀层分，有镀锌薄板（图3-11）、镀锡薄板、镀铅薄板、塑料复合钢板等。按生产工艺可以分为沸腾钢板与镇静钢板两种。

1）沸腾钢板

沸腾钢板是由普通碳素结构钢沸腾钢热轧成的钢板（图3-12），它是一种脱氧不完全的钢板，只用一定量的弱脱氧剂对钢液脱氧，钢液含氧量较高，当钢水注入钢锭模后，碳氧反应产生大量气体，造成钢液沸

图3-11　镀锌薄板

图3-12　沸腾热轧钢板

腾，沸腾钢由此而得名。沸腾钢生产工艺简单，铁合金消耗少，钢材成本低。但是杂质较多，偏析较为严重，组织不致密，力学性能不均匀，故韧性低，焊接性能较差。

2）镇静钢板

镇静钢板是由普通碳素结构钢镇静钢热轧制成的钢板，它是脱氧完全的钢，钢液在浇注前用锰铁、硅铁与铝等进行充分脱氧，钢液含氧量低，钢液在模具中较为平静，不会产生沸腾现象，镇静钢板由此得名。镇静钢板组织均匀致密，由于含氧量低，钢中氧化物夹杂较少，纯净度较高。同时，镇静钢板偏析较小，性能比较均匀，质量较高。镇静钢板的缺点是有集中缩孔，成材率低，价格较高。

在家居装修中应用较多的是热轧钢板，一般配合工字钢、槽钢作为辅助焊接构造，可以起到围合、封闭、承托的作用，但是在高层建筑中不宜大面积使用，避免给建筑增加负担。热轧钢板规格较多，一般厚度2～240mm，宽度1250～2500mm，长度3～12m。

在装修施工中，常对钢板进行切割，一般采用天然气火焰（氧气＋天然气）将被切割的金属预热到能够剧烈燃烧的燃点，再释放出高压氧气流，使金属进一步剧烈氧化并将燃烧产生的熔渣吹掉形成切口的过程。普通天然气带氧燃烧的火焰温度达不到乙炔带氧燃烧的火焰温度，必须添加增温助燃添加剂才能实现天然气切割所要求达到的切割温度。现在市场上出现了便携式数控切割机，可以对钢板进行精确裁切，应该将需要裁切的尺寸测量准确，交给专业的经销商进行操作（图3-13、图3-14）。

图3-13　钢板切割机

图3-14　钢板切割成型

6. 型钢焊接材料

型钢焊接材料主要是指电焊条，它主要由金属焊芯与涂料（药皮）构成。电焊条是在金属焊芯外将涂料（药皮）均匀、向心地压涂在焊芯上（图3-15）。焊芯即是钢丝，其材料为优质低碳钢。焊接时，焊芯主要用于传导焊接电流，产生电弧把电能转换成热能，此外，焊芯本身熔化后可以作为填充金属与液体母材金属熔合形成焊缝（图3-16）。

压涂在焊芯表面的涂层称为药皮，如果采用无药皮的焊条焊接，则空气中的氧与氮会大量侵入熔化金属，将金属铁与有益元素碳、硅、锰等产生氧化或氮化，形成各种氧化物或氮化物，并残留在焊缝中，造成焊缝夹渣或裂纹，并产生大量气孔，这些因素都会使焊缝的强度大大降低，同时使焊缝变脆。电焊条的规格为直径1.2~3mm，长度为350~450mm，具体价格根据质量、品牌不等，一般为0.5~1.5元／支。

在焊接施工中，待用的电焊条始终要放置在塑料袋与纸盒内保存，为了防止吸潮，在焊条使用前，不能随意拆开，尽量现用现拆。施工后剩余的焊条要进行密封。焊条长期存放，表面会有白色结晶，这是一种受潮表现，不影响使用，但是要经过烘干后再用。焊条由于受潮焊芯有轻微锈迹，并不影响焊接性能，如果对焊接的质量要求较高，则不建议使用。焊条受潮锈迹严重，甚至药皮中有锈蚀现象，这样的焊条即使经过烘干，焊接时仍存在气孔，故而不建议使用。如果焊条严重变质且药皮已有严重脱落就应该报废。

图3-15 电焊条

图3-16 钢结构楼板焊接

二、轻钢

轻钢是相对型钢而言的金属材料，又称为冷弯型钢，主要采用较薄的钢板或钢带冷弯成型制成。轻钢的壁厚不仅很薄，而且能够简化生产工艺，提高生产效率。一般热轧方法难以加工的截面形状，冷弯型钢都能轻易生产。冷弯型钢是一种高效经济的型材，采用厚度为0.5～1.5mm的钢板经冷弯或模压而制成，在家居装修工程中常见的有角钢、槽钢等开口薄壁型钢，也有方形、矩形等空心薄壁形钢。角钢的受力特点是承受纵向压力、拉力的能力较强，承受垂直方向力与扭转力矩的能力较差，角钢又有等边角钢与不等边角钢两种。轻钢属于不燃性材料，200℃以内其性能基本不变，当环境温度达到600℃时，开始失去承载能力。轻钢的产品门类很多，最常用的就是轻钢龙骨与镀锌钢板。

1. 轻钢龙骨

轻钢龙骨是采用冷轧钢板（带）、镀锌钢板（带）或彩色涂层钢板（带）由特制轧机以多道工序轧制而成，它具有强度高、耐火性好、安装简易、实用性强等优点。轻钢龙骨按照材质分，有镀锌钢板龙骨与冷轧卷带龙骨；按龙骨断面分，有U形龙骨（图3-17、图3-18）、C形龙骨（图3-19）、T形龙骨及L形龙骨，U形与C形轻钢龙骨用于吊顶、隔断龙骨，T形轻钢龙骨只作为吊顶，其中大多为U形龙骨与C形龙骨。

轻钢龙骨可以安装各种面板，配以不同材质、不同花色的罩面板，如石膏板、吊顶扣板等，一般用于主体隔墙与大型吊顶的龙骨支架

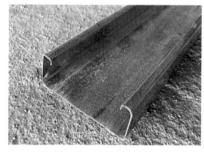

图3-17 U形龙骨（一）

图3-18 U形龙骨（二）

图3-19　C形龙骨

图3-20　轻钢龙骨吊顶

（图3-20）。既能改善室内的使用条件，又能体现不同的装饰风格。目前，具有代表性的就是U形龙骨与T形龙骨（表3-5）。

1）U形龙骨

轻钢龙骨的承载能力较强，且自身重量很轻，以吊顶龙骨为骨架，与9mm厚的纸面石膏板组成的吊顶重量约为8kg/m²左右，比较适合面积较大的客厅吊顶装修。U形轻钢龙骨通常由主龙骨、中龙骨、横撑龙骨、吊挂件、接插件与挂插件等组成。根据主龙骨的断面尺寸大小，即根据龙骨的负载能力及其适应的吊点距离的不同进行分类。通常将吊顶U形轻钢龙骨分为38、50、60三种不同的系列。隔墙U形轻钢龙骨主要分为50、70、100三种系列。龙骨的承重能力与龙骨的壁厚、大小及吊杆粗细有关。

2）C形龙骨

C形龙骨主要配合U型龙骨使用，作为覆面龙骨使用，C形龙骨又被称为次龙骨，龙骨的凸出端头没有U形龙骨的转角收口，因此承载的强度较低，但是价格较便宜，且用量较大，具体规格与U型龙骨配套。

3）T形龙骨

T形龙骨又被称为三角龙骨，只作为吊顶专用，T形吊顶龙骨分为轻钢型与铝合金型两种，过去绝大多数是用铝合金材料制作的，近几年又出现烤漆龙骨与不锈钢面龙骨等。T形龙骨的造型根据吊顶板材来定制，主要有扣接龙骨（图3-21）与插接龙骨（图3-22）两种，适用于不同吊顶板材。T形龙骨的特点是体轻，龙骨（包括零配件）自身总量

轻钢龙骨技术要求（mm）   表3-5

项　目	技术要求					
断面形状	吊顶龙骨：承载龙骨　　覆面龙骨　　边角龙骨					
	隔墙龙骨：横龙骨　　竖龙骨　　贯通龙骨					

项目			覆面龙骨截面尺寸			其他龙骨截面尺寸	
尺寸偏差	级　别	长度	A≤30	A>30	A	B	B≤30	B>30
	优等品	+30 −10	±1	±1.5	±0.3		±1	±1.5
	一等品				±0.4			
	合格品				±0.5			

项目	类　别	品　种	部　位	优等品	一等品	合格品
底面与侧面的平直度（mm/1m）	隔　墙	横龙骨与竖龙骨	侧面	≤0.5	≤0.7	≤1
			底面			
		贯通龙骨	侧面与底面	≤1	≤1.5	≤2
	吊　顶	承载与覆面龙骨				

项目						
弯曲内角半径	钢板厚度	≤0.75	≤0.8	≤1	≤1.2	≤1.5
	弯曲内角半径	≤1.25	≤1.5	≤1.75	≤2	≤2.25

项目	角的最短边尺寸	优等品	一等品	合格品
角度偏差	10~18	±1° 15′	±1° 30′	±2°
	>18	±1°	±1° 15′	±1° 30′

图3-21 T形扣接龙骨

图3-22 T形插接龙骨

为1.5kg/m²左右。

　　轻钢龙骨主要用于家居室内隔墙、吊顶，可按设计需要灵活选用饰面材料，装配化的施工能够改善施工条件，降低劳动强度，加快施工进度，并且具有良好的防锈、防火性能，经试验均达到设计标准。隔墙龙骨配件按其主件规格分为Q50mm、Q75mm、Q100mm，吊顶龙骨按承载龙骨的规格分为D38mm、D45mm、D50mm、D60mm。家居装修用的轻钢龙骨的长度主要有3m与6m两种，特殊尺寸可以定制生产。价格根据具体型号来定，一般为5～10元/m。

　　选购轻钢龙骨时，应该注意外观质量，龙骨外形要平整，棱角清晰，切口不允许有影响使用的毛刺与变形，镀锌层不许有起皮、起瘤、脱落等缺陷。优等品不允许有腐蚀、损伤、黑斑、麻点等缺陷，一等品与合格品应该无较为严重的腐蚀、损伤、麻点，面积＜1cm²的黑斑，每米长度内应＜5处。龙骨表面应镀锌防锈，其双面镀锌量应≥80g/m²。

　　在施工中，吊顶龙骨与吊顶板材组成300mm×300mm、600mm×600mm等规格的方格，T型龙骨其承载主龙骨及其吊顶布置与U形龙骨吊顶相同，T形龙骨中距都应≤1200mm，吊点间距为800～1200mm，中小龙骨中距为300～600mm。T形龙骨不需要大幅面的吊顶板材，因此各种吊顶材料都可以适用，规格也比较灵活。更多的T形龙骨材料适用于厨房、卫生间、封闭阳台，表面经过电氧化或烤漆处理，龙骨里方格外露的部位光亮、不锈、色调柔和，使整个吊顶更加美观大方，安装方便，防火、抗震性能良好。中龙骨垂直固定于大龙骨之下，小龙骨垂直搭接在中龙骨的翼缘上。U形轻钢龙骨直接被垂直钢筋吊挂，钢筋规格一般为ϕ6mm、ϕ8mm、ϕ10mm，钢筋与U形轻钢龙骨之间采用配套连接件固定（图3-23）。

2. 轻钢板

轻钢板属于冷轧钢板，又被称为白铁板，表面多有特殊镀层保护钢板，质地较轻且硬度较高，具有很强的应用价值。由于钢板受潮即会产生氧化锈蚀，故必须在表面加上防腐保护层，一般防腐镀层为镀锌或镀铝锌合金，镀铝锌综合防腐能力为相同厚度镀锌产品的4倍，此外，在镀锌钢板与镀铝锌钢板的基础上增加涂层，成为彩色涂层钢板。

1）镀锌钢板

镀锌钢板是指表面镀有一层锌的钢板，用于家居装修的镀锌钢板一般为较薄的冷轧钢板（图3-24）。镀锌是一种经常采用的经济而有效的防腐方法。镀锌钢板是为防止钢板表面遭受腐蚀延长其使用寿命，在钢板表面涂以一层金属锌，这种涂锌的钢板称之为镀锌钢板。镀锌钢板的镀锌工艺较多，常见的有热浸镀锌钢板与电镀锌钢板两种。热浸镀锌钢板是将薄钢板浸入熔解的锌槽中，使其表面粘附一层锌的薄钢板。目前，主要采用连续镀锌工艺生产，即把成卷的钢板连续浸在熔解锌的镀槽中制成镀锌钢板。电镀锌钢板采用电镀法生产，使镀锌钢板具有良好的加工性，但是镀锌层较薄，耐腐蚀性不如热浸法镀锌板。

镀锌钢板主要用于金属家具、构造的围合，或用于庭院、阳台中的特殊构造，如搭建的顶棚（图3-25）、阳光房、仓库等。镀锌钢板的规

图3-23　T型龙骨吊顶

图3-24　镀锌钢板

格为2500mm×1250mm，厚度为0.5~3mm不等，其中1.2mm厚的产品比较硬朗，使用频率较高，价格为150~200元／张。

2）镀铝锌钢板

镀铝锌钢板是一种新型轻钢板产品，表面镀层由55％的铝锌合金，43.4％的锌，1.6％的硅组成。镀铝锌钢板的耐腐蚀性主要是铝，当锌受到磨损时，铝便形成一层致密的氧化铝，阻止耐腐蚀性物质进一步腐蚀内部。镀铝锌钢板表面呈特有的光滑、平坦、华丽的星花，基色为银白色，特殊的镀层结构具有优良的耐腐蚀性（图3-26）。镀铝锌钢板正常使用寿命可达25年以上，耐热性很好，镀层与漆膜的附着力好，可以进行冲压、剪切、焊接等，表面导电性很好。镀铝锌钢板的生产工艺与镀锌钢板的工艺相似，是连续熔融镀层工艺。镀铝锌钢板不仅具有良好的耐腐蚀性，还与油漆之间具有优异的附着力，不需预处理或风化处理就可上漆。彩涂产品还具有优秀的附着力与柔性，镀铝锌钢板经过彩涂后用于住宅庭院建筑的顶棚、墙壁等部位。

由于镀铝锌钢板的热反射率很高，是镀锌钢板的2倍，装修中经常用它来作隔热的材料，如暖气或空调的管道围合，还可以用于户外烟囱管、灯罩等构造。镀铝锌钢板的规格为2500mm×1250mm，厚度为0.5~3mm不等，其中1.2mm厚的产品比较硬朗，使用频率较高，价格为200~250元／张。

3）彩色涂层钢板

彩色涂层钢板是在镀锌钢板、镀铝锌钢板等冷轧钢板的表面涂覆彩

图3-25 镀锌钢板顶棚

图3-26 镀铝锌钢板

色有机涂料或薄膜的轻质钢板，又被称为彩钢板（图3-27）。它是将基板经过表面脱脂、磷化、络酸盐处理后，涂上有机涂料，经烘烤而制成的产品。彩钢板的强度取决于基板材料与厚度，耐久性取决于镀层与表面涂层。彩钢板的颜色有很多种类，主要有橘黄、深天蓝、海蓝、绯红、砖红、象牙、瓷蓝等。彩钢板的表面状态可以分成涂层板、压花板、印花板。

彩色涂层钢板的常用涂料是聚酯（PE），其次还有硅改性树脂（SMP）、高耐候聚酯（HDP）、聚偏氟乙烯（PVDF）等，涂层结构分2涂1烘与2涂2烘。其中聚酯的附着力好，在成型性与室外耐久性方面范围较宽，耐化学药品性中等，使用寿命8～10年。硅改性树脂的涂膜硬度、耐磨性与耐热性良好，而且还有良好的耐久性，但光泽保持性与柔韧性有限，使用寿命10～15年。高耐候聚酯的抗紫外线性优良，具有很高的耐久性，其主要性能介于聚酯与氟碳之间，使用寿命10～15年。聚偏氟乙烯具有良好的成型性与颜色保持性、优良的室外耐久性、抗溶剂性，颜色有限。使用寿命20～30年。

彩色涂层钢板相对于传统的镀锌钢板与镀铝锌钢板而言，具有更强的适用性，一般被加工成波浪形、瓦楞形等冲压板，可以用于住宅庭院中的附属建筑围合（图3-28），如工具间、仓库、牲畜圈等，建造成本低、速度快，也可以进一步加工成复合夹心墙板，是住宅辅助拓展空间的主要用材（图3-29、图3-30）。镀铝锌钢板的长度为2500mm，或根据需要连续生产，展开宽度为900mm、1000mm、1200mm，厚

图3-27　彩色涂层钢板

图3-28　彩色涂层钢板屋顶

度为0.5～2mm不等，其中1mm厚的产品应用较多，价格为100～150元／m^2。

彩色涂层钢板的应用非常多，但是维护成本高，由于外部喷漆喷塑时间长了会剥落，影响美观，所以一般2年左右要做一次维护，即喷漆喷塑，不过不维护也并不影响使用。由于是金属材料，保温、隔热、隔声性能差，用于制作的户外活动房如果要提高隔热隔声效果，需要加厚隔层与隔板。

选购彩色涂层钢板时，首先要观察基板厚度与覆膜的厚度，优质板材的基板厚度应该与标称一致，覆膜不应该有破损或凸出的颗粒。然后观察彩钢板的外漏边缘，观察外露钢材如断面等是否结晶细密，是否发灰、发暗或有杂质，如果切面结晶细密则质量较好。接着用手指或用硬物敲击钢板，钢板的材质如果较差则发出来的声音是闷的，金属声音不明显，材质较好的产品声音则比较响亮、清脆。最后，查看钢板的质量合格证明，是否有相关部门的检验标准。

在施工中，各种轻钢板一般都采取铆接与焊接两种工艺进行安装。铆接适用于将轻钢板固定至小规格的型钢构造上，如＜40mm或＜60mm的角钢上，铆钉的间距一般为200mm左右，安装方便。焊接适用于对密封性有要求的装修构造，如屋顶、雨棚、围合墙体等，或用于规格较大且不方便铆接的型钢。在多数施工条件下，一般先采用铆钉作基本固定，再采用焊接作全封闭固定。焊接完成后应该在焊接点或焊接边缘上涂刷防锈漆，彩色涂层钢板还应该涂刷同色醇酸漆。

图3-29　彩色涂层钢板安装（一）

图3-30　彩色涂层钢板安装（二）

三、不锈钢

不锈钢是指耐空气、蒸汽、水等弱腐蚀介质与酸、碱、盐等化学侵蚀性介质腐蚀的钢，又被称为不锈耐酸钢。实际应用中，常将耐弱腐蚀介质腐蚀的钢称为不锈钢，而将耐化学介质腐蚀的钢称为耐酸钢。不锈钢的耐蚀性取决于钢中所含的合金元素，不锈钢基本合金元素还有镍、钼、钛、铌、铜、氮等，以满足各种用途对不锈钢组织与性能的要求。不锈钢中的主要合金元素是铬，只有当铬含量达到一定值时，钢才有耐蚀性。因此，一般不锈钢Cr（铬）的含量应≥10.5%。

不锈钢表面可以加工成白色不反光、哑光、高度发亮抛光等多种效果，如通过化学浸渍着色处理，则可以得到褐、蓝、黄、红、绿等各种彩色不锈钢，既保持了不锈钢原有的耐腐蚀性能，又进一步提高了装饰效果。用于家居装修的不锈钢产品主要为不锈钢板与不锈钢管。

1. 不锈钢板

不锈钢板表面光洁，具有较高的塑性、韧性与机械强度，耐酸、碱性气体、溶液等其他介质的腐蚀。它是一种不容易生锈的合金钢，但并不是绝对不生锈，板材表面效果多样，有普通板、磨砂板（图3-31）、拉丝板、镜面板、冲压板（图3-32）、彩色板（图3-33）等多种效果。不锈钢板按制法可以分为热轧与冷轧两种，在装修中常用的产品较薄，包括0.02~4mm厚的薄板与4~20mm厚的中板，要求能够承受各种酸性溶剂的腐蚀。

图3-31　磨砂不锈钢板

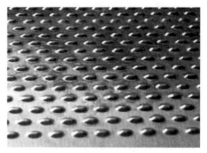

图3-32　冲压不锈钢板

在家居装修中,不锈钢板主要用于潮湿、易磨损或对保洁度要求较高的部位,如厨房橱柜台面(图3-34)、门窗套(图3-35)、踢脚线(图3-36)、门板底部、背景墙局部装饰等,一般须在基层安装15mm厚的木星板,再将不锈钢板根据需要裁切成型,再用强力胶粘贴上去。如果用于户外,也可以采取挂贴的方式施工。厚度为8mm的不锈钢板,可以裁切成板条,用于户外庭院的栏板制作。常用的不锈钢板规格为2400mm×1200mm,厚度为0.6~1.5mm,其中1mm厚的产品使用最多,价格根据产品型号不同,201型不锈钢板为300元/张,304型不锈钢板为500元/张。

选择不锈钢板要考虑使用时的加工条件(图3-37),如果在装修中是机械操作,机械的性能与类型对压制材的质量要求,如硬度、光泽等。还要考虑经济核算,选择板材厚度时,应考虑其使用时间、质量、刚度等。如果不锈钢板的厚度不够,容易弯曲,会影响装饰板生产。如果厚度过大,钢板过重,不仅增加钢板的成本,而且也会给操作上带来

图3-33 彩色不锈钢板

图3-34 不锈钢板台面

图3-35 不锈钢板包门套

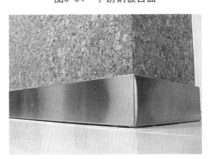

图3-36 不锈钢板踢脚线

不必要的困难。同时，还要考虑不锈钢板加工时应该预留的余量。

在施工中，不锈钢板不能单独作为承载构造而使用，在不锈钢板下部应该预先安装木芯板或其他基层板材，采用强力万能胶将裁切整形后的不锈钢板粘贴在基层板表面。厚1.5mm以上的不锈钢板比较硬朗，可以单独使用而无须基层板，但是需要基层龙骨作支撑，如钢结构骨架，龙骨的间距一般为300～600mm。不锈钢板的边缝应该采用中性玻璃胶填充修饰，避免边角生锈。

2. 不锈钢管

不锈钢管是一种中空的长条圆形钢材，在折弯、抗扭强度相同时，重量较轻，是一种经济的断面钢材，通常占全部钢材总量的10%左右，应用范围极为广泛（图3-38）。不锈钢管的种类繁多，用途不同，其技术要求各异，生产方法亦有所不同。目前，用于装修的不锈钢管外径的范围为$\phi 10$～$\phi 200$mm、壁厚范围为1～4mm。不锈钢管按断面形状可以分为圆管与异形管，异形管有矩形管（图3-39）、菱形管、椭圆管、六方管、八方管与各种断面不对称管等。现代不锈钢管的表面效果丰富，主要有高反射镜面、无光雾面、普通光面、压花等多种，还可以进一步加工成彩色、电镀或雕刻图案的产品，以满足各种装修要求。

在家居装修中，不锈钢管主要用于潮湿、易磨损或对保洁度要求较高的部位，如墙地面瓷砖边缝镶嵌、家具构造边框镶嵌、墙面转角镶嵌、栏板扶手（图3-40）、卫生间挂杆（图3-41）、户外门窗防盗网（图3-42）等。常用的不锈钢管长度为3～6m，圆管规格为$\phi 15$～$\phi 120$mm，

图3-37　不锈钢板切割机

图3-38　不锈钢圆管

图3-39　不锈钢矩形管

图3-40　不锈钢管栏板

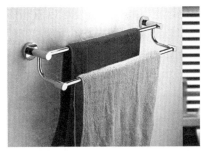

图3-41　不锈钢挂杆

图3-42　不锈钢防盗网

方管规格为边长10～80mm，壁厚0.3～1mm，价格根据产品型号不同，产品多以304型不锈钢产品为主，ϕ20mm的圆管价格为8～10元/m。

　　一般认为304型不锈钢管质量较好，但它也有生锈的可能性，那是因为不锈钢材料在使用过程中，环境里存在氯离子，如食盐、汗迹、海水、海风、土壤等。不锈钢在氯离子存在的环境中腐蚀很快，甚至超过普通低碳钢。选购不锈钢管时，除了认清管材上的标号外，还可以根据需要选购不锈钢鉴别药水，将药水滴在干净的不锈钢管表面，便能分辨出不锈钢的型号，如201对应为深红色，202对应为红色，301对应为浅红色，304对应为无色或淡黄色，这种方法简单有效。

　　在施工中，用于镶嵌的不锈钢管多为方形管，采用强力胶粘贴，有承重要求的部位可以采用螺钉固定，用于挂置物品或作为栏板扶手的不锈钢管多为圆形管，一般须作焊接并抛光。如果用于户外，不锈钢管还可以制作成门窗的防盗网，或套接在钢管、钢棒外观作装饰。不锈钢产品表面都有一层塑料膜，待施工完毕后才能揭开，以保持管身表面的干净。在使用过程中只需偶尔进行冲洗就能去除灰尘，由于耐腐蚀性良好，也可以容易地去除表面的涂写污染或类似的其他污染。不锈钢管的焊接部位应该喷涂银色醇酸漆，既能掩饰焊接痕迹，又能防锈。

3. 不锈钢扣板

不锈钢扣板是装修吊顶扣板中的高档产品，是采用较薄的不锈钢板裁切后冲压而成的吊顶装饰材料。现在用于家居装修的不锈钢扣板多为彩色产品，有30多种色彩可供选择，采用喷涂、烘烤工艺制作，色彩的持久性与饱和度比一般吊顶材料延长3倍以上，特殊色彩还可以随意搭配定制。彩色不锈钢扣板表面光洁如镜、材质高档、工艺考究，不仅比普通不锈钢更耐磨、更耐腐蚀，还能抵御较强的盐雾腐蚀与紫外线照射且不褪色（图3-43、图3-44）。

不锈钢扣板主要用于家居装修中的厨房、卫生间、封闭阳台等空间的吊顶，也可以根据设计要求用于客厅、书房、卧室的局部，或用于户外屋檐下。条形不锈钢扣板长度为1~6m，一般需定制加工，宽度为50~200mm，厚度一般为0.6~1.2mm，价格为200~300元/m^2。

在施工中，由于不锈钢扣板的形式主要为条形与方形，需要预先安装吊杆、金属龙骨等固定件，布置好水电管线、设备后再扣接板材，最后采用配套不锈钢边角线条修饰转角即可。需要定制加工的板材一般为集成吊顶，需要厂商上门测量后统一设计规格。但是尽量减少对板材的裁切，一旦裁切后，边角部位就会发生变形，影响美观。

图3-43　不锈钢条形扣板

图3-44　不锈钢方形扣板

四、铝合金

纯铝是银白色的轻金属，密度小，熔点低，其导电性与导热性都很好，仅次于银、铜、金而居第四位。铝具有面心立方晶格的晶体结构，强度低，塑性高，能够通过冷、热压力加工成线、板（图3-45）、带、棒、管（图3-46）等型材。由于纯铝的强度低而限制了它的应用范围，常采用合金化的方式，即在铝中加入一定量的合金元素如镁、锰、铜、锌、硅等来提高其强度与耐蚀性，同时保持了质量轻的特点。

1. 铝合金龙骨

铝合金龙骨是由经表面处理的铝合金型材，经过下料、打孔、铣槽、攻丝、制窗等加工工艺而制成的型材，它由专用五金配件组装而成，是一种常用的吊顶装饰材料，可以起到支架、固定、美观的作用（图3-47）。铝合金龙骨应用广泛，主要用于受力构件，如轻质隔墙龙骨（图3-48）、吊顶主龙骨，各种窗、门、管、盖、壳构造以及装饰或绝热材料。与之配套的是铝合金扣板、硅钙板或矿棉板等，而用于吊顶、门窗框的铝合金龙骨表面要经电氧化处理，具有质轻、高强、不锈、美观、抗震、安装方便等特点。铝合金龙骨是在铁皮烤漆龙骨上改进而来的，因为铝材经过氧化处理之后不会生锈或褪色，原来的铁皮烤漆龙骨时间长了会因为氧化而导致生锈、发黄、掉漆。

铝合金龙骨一般分为龙骨底面外露与不外露两种，并设计有专用配件供安装时连接龙骨使用。常用于装配吊顶的有主龙骨、次龙骨与边龙

图3-45 铝合金板

图3-46 铝合金管防盗窗

图3-47　铝合金龙骨

图3-48　铝合金龙骨隔墙

骨，尤其是外露部分给人以强烈的线型美与光泽美。其中主龙骨的常规长度为3m，次龙骨的常规长度为610mm，制作完成后的通用规格是610mm×610mm，边龙骨则是用来作为墙边收尾与固定的。现代的装饰要求越来越高，花样也是层出不绝，为了更进一步给视觉上带来冲击，在原来的铝合金龙骨上，又增加了凹槽铝合金龙骨，凹槽的更具有立体感。铝合金龙骨的尺寸大小、高度、厚度，都可以定制。用于吊顶的T型铝合金龙骨边长22mm，壁厚1.3mm，价格为5元／m左右。

在选购时值得注意的是，铝合金龙骨不是烤漆龙骨，烤漆龙骨是由铁制作而成，而彩色铝合金龙骨的内外质地一致，均有颜色，是在铝合金中加入其他有色金属制成的。

在施工中，铝合金龙骨的安装工艺与轻钢龙骨基本一致，只是同等厚度的铝合金龙骨质地较硬，给后期饰面安装带来不便，但是铝合金龙骨强度较大，不生锈，可以采取铆钉和螺钉安装，不能采用焊接工艺。

2. 铝合金扣板

铝合金扣板简称为铝扣板，是指将较为单薄的铝合金板材裁切、冲压成型的室内吊顶板材，是目前最流行的家居装修吊顶材料，逐渐替代传统的塑料扣板（图3-49、图3-50）。铝合金扣板安装需要配套龙骨，此外，铝合金扣板的规格有很多，在卫生间、厨房、阳台安装时还要考虑搭配尺寸相当的电器、灯具、设备，因此，现代铝合金扣板吊顶包容的内容很多，逐渐演变成集成吊顶，成为中高档装修的代名词。

优质的铝合金扣板具有较好的板面效果，板材表面平整，无色差，涂层附着力强，能耐酸、碱、盐雾的侵蚀，长时间不变色，涂料不脱

图3-49 铝合金方形扣板

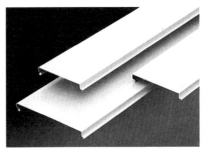

图3-50 铝合金条形扣板

落，且保养方便，用水冲洗便洁净如新，可以在较大的温度变化下使用，其优良性能不受影响。更高档的铝合金扣板背后覆有聚苯乙烯防潮层，或呈夹层结构，将聚苯乙烯夹在其中，表面是非可燃的铝板，具备防火要求。铝合金扣板色彩丰富，可选性广泛，可以任意组合搭配（图3-51、图3-52）。在施工过程中，可以用普通的木材或金属加工工具进行剪、锯、铣、冲、压、折、弯等加工成型，能够准确完成设计造型的要求，而且装拆方便，每件板均可独立拆装，方便施工与维护。

铝合金扣板主要用于家居装修中的厨房、卫生间、封闭阳台等空间的吊顶，也可以根据设计要求用于客厅、书房、卧室的局部，或用于户外屋檐下。铝合金扣板的形式主要有条形与方形两种，只是安装方法略有不同，都是需要预先安装吊杆、金属龙骨等固定件，布置好水电管线、设备后再扣接板材，最后采用配套铝合金边角线条修饰转角即可。条形铝合金扣板长度为1~6m，一般需定制加工，宽度为50~200mm，

图3-51 铝合金压花扣板

图3-52 铝合金穿孔扣板

方形铝合金扣板的使用频率最高，板面规格一般为300mm×300mm，也有其他定制的特殊规格，两种板材的厚度一般为0.6~1mm，价格为60~120元/m²。

由于铝合金扣板使用广泛，目前市面上的品种有很多，价格差距很大，选购铝合金扣板时要特别注意以下几个方面。首先，不要特别关注厚度，只要厚度达到0.8mm即可。很多原料不纯、品质不过关的铝材经过回收用来制作铝合金扣板，板材是无法均匀拉薄的，厂家只能做厚，

★装修顾问★

集成吊顶

集成吊顶又被称为整体吊顶、整体天花顶，是金属扣板与电器设备的组合，具有安装简单，布置灵活，维修方便的特点，成为现代家居装修卫生间、厨房吊顶的主流（图3-53、图3-54）。区别于在传统吊顶上生硬地安装浴霸、换气扇、照明灯，取而代之的是美观协调的整体造型。集成吊顶的取暖灯、照明灯、换气扇排布合理，可将取暖灯安装在淋浴区正上方、将照明灯安装在房间中间或洗手台的位置，将换气扇安装在坐便器正上方，使每项功能都安放在最需要的空间位置上（图3-55）。

集成吊顶是通过厂家的精心设计、专业安装来完成的，价格比传统吊顶要高，但是材料普遍档次较高。一般品牌的集成吊顶单价均在300元／m²以上（不含电器设备）。在选购时要特别注意吊顶板材的硬度与质地，整体品质应当大幅度高于常规铝合金扣板。辅料（龙骨、吊杆、配件）为配套供应，整体感非常强，而且厚度与光泽度都要高于零散购置的材料。集成吊顶设计、安装应该明码标价，经销商应该配有固定的专业设计人员与安装人员，而不能临时聘请施工员进行安装。

图3-53　集成吊顶龙骨

图3-54　集成吊顶（一）

因此判断铝扣板厚度最直接的方法是看产品的规格说明，如果厚度与肉眼、手感判断一致，且有0.8mm即可。此外，有的产品没有达到规定的厚度，厂家在铝扣板表面多喷了一层涂料使厚度达标，可以采用360号砂纸打磨涂层即可识别。然后，关注板材的表面，铝合金扣板的表面处理可以分为喷涂、滚涂、覆膜等几种形式。其中喷涂板存在使用寿命短、容易出现色差等缺点；滚涂板表面均匀光滑，无漏涂、划伤；覆膜板表面是1层PVC膜，表面应该粘贴牢固，无起皱、划伤、漏贴。这些可以通过手感判断铝扣板表面是否光滑细腻（图3-56）。接着，观察铝合金扣板的弹性与韧性，可以通过选取一块样板，用手把它折弯，劣质铝材很容易被折弯且不会恢复，优质铝材被折弯之后能迅速反弹。最后，关注铝合金扣板的配套龙骨，一般多采用轻钢龙骨与配套吊挂件进行安装，品质较好的轻钢龙骨表面呈雪花状，即镀铝锌钢板，手感较硬、缝隙较小。

在施工中，铝合金扣板均采用插接的方式进行施工，即将成品扣板的边缘插入预制铝合金龙骨中。铝合金扣板在施工前应当预先测量安装尺寸，将安装在吊顶边缘的型材根据测量尺寸进行裁切，裁切后的边角应该采用360号砂纸打磨，避免出现锐角变形，采用钳子将裁切变形的板材校正。插接扣板前应该在顶面龙骨上放线定位，从吊顶中央开始安装，先将平直、完整的板材安装在中央，再逐块向周边安装。可以将板材包装、运输过程中受到挤压变形的板材裁切后安装在边缘，不影响美观。如果板材中需要安装灯具等电器设备，应当预先布线并安装电器设备所在的板材，环绕这些设备再安装其他板材。铝合金扣板边缘应该采用配套的铝合金装饰线条修饰，封闭边缘缝隙，避免聚集灰尘。

图3-55 集成吊顶（二）

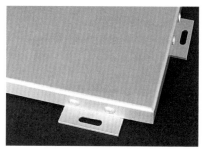

图3-56 铝合金扣板质地

五、金属线条

　　金属线条是金属板材、构造的配套产品，质地轻盈、强度高、耐腐蚀，表面一般要经过氧化着色处理，制成各种不同的颜色，并带有鲜明的金属光泽，是现代家居装修提升设计效果的主要材料之一。

　　金属线条主要采用铸造与冷轧两种工艺生产，铸造工艺生产的产品多为铝合金线条与铜合金线条，质地柔和，粗壮结实，而冷轧工艺生产的产品多为不锈钢线条，外观光亮、质地细腻，质地单薄但坚硬，且价格较高。

1. 铝合金线条

　　铝合金线条具有轻质、高强、耐蚀、耐磨、强度大等特点。其表面经阳极氧化着色表面处理，有鲜明的金属光泽，耐光与耐气候性能良好，其表面还可涂以坚固透明的电泳漆膜，涂后更加美观、适用（图3-57 ~ 图3-60），铝合金线条价格普遍较低。

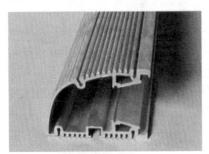

图3-57　铝合金线条

图3-58　铝合金线条抽屉

图3-59　铝合金柜门边框

图3-60　铝合金推拉门边框

2. 铜合金线条

铜合金线条属于高档的金属线条，其价格比较昂贵，因此在吊顶构造中应用较少，通常用于瓷砖、石材、地毯、木地板（图3-61、图3-62）等地面铺装材料的边缘嵌条。

3. 不锈钢线条

不锈钢线条具有高强、耐蚀、耐水、耐擦、耐气候变化、表面光洁如镜的特点。不锈钢线条的装饰效果好，也属于高档装饰材料。用于各种装饰构造的转角线（图3-63、图3-64）、收口线、柱角线等。

在装修施工中，金属线条一般用于家具、地板、地毯、瓷砖、吊顶等装修构造的收边，常用宽度为10~60mm不等，常用长度为1.8m、2.4m、3.6m，购买时可以根据需要裁切。施工裁切时，一定要保持线条的平整度，稍有弯曲、变形就会影响最终的装饰效果，质地较好的不锈钢线条通常在表面覆有塑料膜，便于运输，待施工完毕后再剥揭。使用中应该注意保洁，避免含酸、碱的污垢腐蚀线条表面。

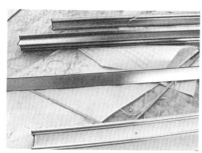

图3-61　铜合金地板线条（一）

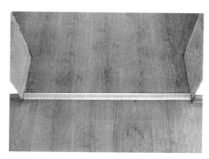

图3-62　铜合金地板线条（二）

图3-63　不锈钢瓷砖转角线条（一）

图3-64　不锈钢瓷砖转角线条（二）

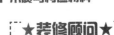

★装修顾问★

铜合金

纯铜从外观看为紫红色，故又称为紫铜，铜的密度较高，导电性、导热性、耐腐蚀性好。铜具有面心立方晶格的晶体结构，强度较低，可塑性较高。用在装饰装修领域的是铜合金，一般可以分为黄铜、青铜与白铜。铜合金经过冷加工所形成的骨架材料多用于室内装饰造型的边框及装饰板的分隔，也可以用来加工成具有承载力荷的装饰灯具骨架或外露吊顶骨架。

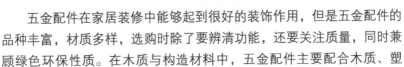

六、五金配件

五金配件在家居装修中能够起到很好的装饰作用，但是五金配件的品种丰富，材质多样，选购时除了要辨清功能，还要关注质量，同时兼顾绿色环保性质。在木质与构造材料中，五金配件主要配合木质、塑料、金属、复合材料使用，辅助装修构造达到完美的效果。

1. 拉手

拉手是安装在门窗或抽屉上便于用手开关的五金件，方便操纵（开、关、吊）门窗或抽屉的用具。在家居装修中主要用于家具、门窗的开关部位，是必不可少的功能配件，为了与家具配套，拉手的形状、色彩更是千姿百态（图3-65、图3-66）。现在主流产品多为不锈钢或铝合金材料，高档铝合金拉手要经过电镀、喷漆或烤漆工艺，具有耐磨与防腐蚀作用，拉手除了要与家居装饰风格相吻合外，还要能够承受较大的拉力，一般拉手要能承受≥6kg的拉力。

拉手不必十分奇巧，但一定要符合开启、关闭的使用功能，这应该

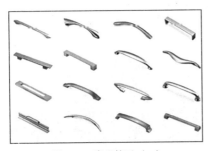

图3-65　家具拉手（一）

图3-66　家具拉手（二）

★装修顾问★

钛镁合金

　　钛镁合金与铝合金除了掺入的金属不同外，最大的分别就是钛镁合金中还掺入了碳纤维材料，具有强度高而密度小，机械性能好，韧性与抗蚀性能很好。无论强度还是表面质感都优于铝合金材质，外形比铝镁合金更加复杂多变（图3-67）。钛镁合金的强韧性是铝镁合金的3～4倍，强韧性越高，可以承受的压力越大，也越能够支持大跨度的承重骨架。

　　钛镁合金外表经过喷漆、烤漆等装饰处理，华丽富有光泽，具有良好的钢硬强度与质量轻巧的特点。但是，钛镁合金的工艺性能差，切削加工困难，在热加工中非常容易吸收氢氧氮碳等杂质，还有抗磨性差，生产工艺复杂。钛镁合金的骨架主要用于外露的吊顶龙骨与室内外成品梭拉门边框（图3-68、图3-69），钛镁合金骨架宽度＞20mm，壁厚＞2mm，长度为3m或6m。

　　结合拉手的使用频率以及它与锁具的关系进行挑选。拉手要讲究对比，以衬托出锁与装饰部位的美感。拉手除了具有开启与关闭的作用外，还

图3-67　钛镁合金型材

图3-68　钛镁合金推拉门边框

图3-69　钛镁合金房门边框

有点缀及装饰的作用，拉手的色泽及造型要与门的样式及色彩相互协调。应用时要确定拉手的材质、牢固程度、安装形式，以及是否有较大的强度，是否经得起长期使用。

拉手在选配时必须注意家具的款式、功能与摆放环境，拉手与家具的关系或是醒目，或是隐蔽。如果家居空间面积较大，可以选购明装拉手（图3-70），如果面积较小，且以使用功能为主的家具，可以选用暗装拉手（图3-71），但是以不妨碍使用为妥。

选购拉手时应特别注意观察拉手的面层色泽及保护膜，有无破损及划痕。各种不同样式的拉手在安装时，需要使用不同规格直径的电钻头提前钻孔。

安装拉手应该先用电钻在安装界面上钻孔，钻孔时应该从装饰面向非装饰面方向钻，避免装饰面受到破坏。安装螺丝应该选用铝合金或不锈钢产品，不能采用镀锌产品，防止生锈。

2. 门锁

门锁就是用来把门锁住以防止他人打开的五金设备，现在主要有机械与电子两类产品。市场上所销售的门锁品种繁多，传统锁具又可以分为复锁与插锁两种。复锁的锁体装在门扇的内侧表面，插锁又被称为插芯锁，装在门板内。

1）金属大门锁

大门锁的锁芯一般为原子磁性材料或电脑芯片的锁芯，面板的材质是锌合金或不锈钢，舌头有防手撬、防插功能，具有反锁或者多层反锁功能，反锁后从门的外面是无法开启的（图3-72）。

图3-70　明装拉手

图3-71　暗装拉手

2）木质大门锁

木质大门锁一般都具有反锁功能，反锁后外面用钥匙无法开启，面板材质为锌合金，因为锌合金造型多，外面经电镀后颜色鲜艳、光滑，组合舌的舌头有斜舌与方舌，高档门锁能多层次转动，具有反锁方舌，兼顾防盗性与私密性（图3-73）。

3）房门锁

房门锁的防盗功能并不是太强，主要要求装饰、耐用、开启方便、关门声小，具有反锁功能与通道功能，表面处理随意选择，把手符合人体力学的设计，手感较好，容易开关门（图3-74）。

4）浴室锁与厨房锁

浴室锁与厨房锁更多的作用是装饰、固定门扇位置或随手开关，特点是在内部锁住，在外面可用螺丝刀等工具随意拨开，门锁的材质一般为陶瓷材料，把手为不锈钢材料（图3-75）。

门锁的安装要求仔细，避免破坏门体结构，安装前需用不同规格

图3-72 金属大门锁

图3-73 木质大门锁

图3-74 房门锁

图3-75 浴室锁

的钻头打孔，然后根据锁具的特征、形式进行安装。门锁不同于常规的五金配件，容易出现诸多毛病。尤其是门锁，这种高负荷运作的零部件，使用寿命长了，难免会出现故障，因此要注意养护。尤其是不要随便使用润滑剂，当门锁出现发涩、发紧时，不要滴各种润滑油，因为油易粘灰，容易形成油泥，这样反而更容易出现故障了，可以削铅笔粉末或蜡烛碎末，通过细管吹入锁芯内部，然后插入钥匙反复转动数次即可。

3. 铰链

铰链又被称为合页，是用来连接两个装修构件，并允许二者之间进行转动的机械装置（图3-76）。在现代家居装修中除了传统的不锈钢、铜、铝合金铰链外，又出现了液压铰链，其特点是有一定的缓冲性，且能最大程度地减小噪声。用于普通门扇的为轻薄型铰链，又被称为扇面铰链，扇面铰链分为家具铰链与门扇铰链两种。

1）家具铰链

在家具制作中使用最多的是家具体与柜门之间的弹簧铰链，又被称为烟斗铰链（图3-77）。它具有开合柜门与扣紧柜门的双重功能，主要用于家具门板的连接，它一般要求板材的厚度为16～20mm。铰链材质有镀锌铁、锌合金。家具铰链附有调节螺钉，可以上下、左右调节板的高度、厚度。

家具铰链的特点是可以根据空间，配合柜门的开启角度。除了完全开启90°～115°外，30°、45°、60°等均有锁定点，使各种柜门有相应的伸展度。铰杯深度为11.5mm左右，铰杯直径为35mm左右，杯

图3-76 柜门铰链（一）

图3-77 柜门铰链（二）

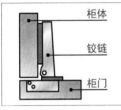

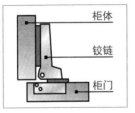

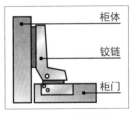

图3-78　全遮铰链　　　　图3-79　半遮铰链　　　　图3-80　内藏铰链

孔距离为48mm。家具铰链有全遮、半遮、内藏三种形式。全遮又被称为直弯，安装后家具门板全部覆盖住柜侧板，两者之间有一个间隙，以便柜可以畅顺的打开（图3-78）。半遮又被称为中弯，当两扇门共用一个侧板时，每扇门的覆盖距离应相应减少，需要这种铰链保留间隙（图3-79）。内藏又被称为大弯，当需要柜门关闭后停于柜内时，就要采用这种铰臂非常弯曲的铰链（图3-80）。

　　2）门扇铰链

　　普通门扇铰链主要用于橱柜门、窗、门等，材质有铁、铜与不锈钢等多种，其中以纯不锈钢材料为佳（图3-81、图3-82）。普通扇面铰链的缺点是不具有弹簧铰链的功能，安装合页后必须再装上各种碰珠，否则风会吹动门板。

　　普通门扇铰链的外观规格标准为100mm×30mm与100mm×40mm，中轴直径为11～13mm，合页壁厚为2.5～3mm。用于防盗门的扇面铰链还有轴承型产品，现在以选用铜质轴承铰链的较多，式样美观、亮丽，价格适中，并配备螺钉。

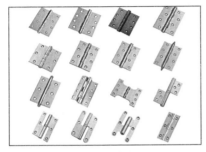

图3-81　门扇铰链（一）　　　　图3-82　门扇铰链（二）

门吸

门吸又被称为门碰，是门扇打开后吸住定位的五金装置，可以防止门扇被风吹或碰触后而关闭。一般安装在门扇的下部，其中吸杆安装在墙面或地面上，吸头安装在门扇上（图3-83、图3-84）。

门吸的质量主要体现在吸力上，选购时将门吸拿在手中，优质的产品需要用非常大的力气才能将其分离。优质的门吸大都为不锈钢材料制作，这种产品坚固耐用、不易变形。吸头中的减震簧应该具有一定的韧度，尽量购买造型敦实、工艺精细、减震韧性较高的产品。

安装门吸时要注意选择合适的部位，要注意门吸上方有无暖气、储物柜等具有一定厚度的物品，避免出现门吸安装后因长度不够出现无法使用的情况。

图3-83　房门吸

图3-84　柜门吸

3）液压铰链

液压铰链是利用液体（液压油）的缓冲性能制作的一种铰链，缓冲效果非常理想，适用于对噪声控制有要求的室内外空间、门窗等，也可以用于高档家具门板（图3-85、图3-86）。液压铰链主要包括支座、门盒、缓冲器、连接块、连杆与扭簧，缓冲器又包含活塞杆、壳体、活塞，在活塞上设有通孔，活塞杆带动活塞移动时，液体通过通孔可以从一边流向另一边，从而起到缓冲作用。缓冲液压铰链因而更人性化、具有柔顺无声、不易夹伤人的特点。

工艺成熟的厂家所生产的产品在外观上都会比较注意，线条表面的处理会比较好，除了一般性的刮花外，不会有很深的挖伤痕迹。液压铰链安装后关门的速度均匀，仔细观察缓冲液压铰链是否开合有卡的感觉，如果听到有异声，或快慢速度相差太大，则不能选用。在日常使用中，要避免铰链受到外界撞击、破坏，定期检查，防止液压油泄漏。

此外，市场上还有其他种类的扇面铰链，如玻璃门铰链（图3-87）、翻门铰链（图3-88）等。其中玻璃门铰链用于安装无框玻璃橱门，要求玻璃厚度应≤6mm。

为了在使用时开启轻松无噪声，应选铰链中轴内含滚珠轴承的产品，安装铰链时应该选用配套螺钉。施工完毕后，除了目测、手感铰链表面平整顺滑外，还要注意复位性能，可以将铰链打开95°，用手将铰链两边用力按压，观察支撑弹簧片是否变形或发生折断，十分坚固的为质量合格的产品。

4. 闭门器

闭门器是安装在门扇上部的弹簧液压器，当门开启后能够通过压缩

图3-85 液压铰链（一）

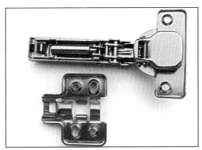

图3-86 液压铰链（二）

图3-87 玻璃门铰链

图3-88 翻门铰链

后释放，将门自动关上，类似弹簧门，可以保证门被开启后，准确、及时的关闭到初始位置。闭门器的主要用途是使房门自行关闭，起到即时隔声、防风的作用（图3-89、图3-90）。

当开门时，门体带动连杆动作，并使传动齿轮转动，驱动齿条柱塞向右方移动。在柱塞右移的过程中弹簧受到压缩，右腔中的液压油也受压。柱塞左侧的单向阀球体在油压的作用下开启，右腔内的液压油经单向阀流到左腔中。当开门过程完成后，由于弹簧在开启过程中受到压缩，所积蓄的弹性势能被释放，将柱塞往左侧推，带动传动齿轮与闭门器连杆转动，使门关闭。

选择闭门器应该考虑门的重量、宽度、开门频率与使用环境等。门的重量与门的宽度是选择闭门器型号的最主要因素，常见木门、铝合金门重量小，建议选择力量较小的型号，而钢化玻璃门、防盗门则应该选择重量大的产品。开门频率也是重要的因素，对于使用频繁的房间，如卫生间，应选择密封性能好、寿命长的产品。用何种闭门器必须根据门体的规格与门所在的环境特点决定。由于闭门器都安装在门扇上方并承担门体全部重量，因此闭门器的选择主要与门扇的宽度有关。

在施工中要特别注意，闭门器与门扇的连接点应该符合产品的安装说明，如果没有明确说明，该连接点应该距离门扇闭合边缘，即安装门扇合页的边缘的距离为150mm左右。这样，就能够保证开关力度控制在合理的范围之内。

5. 滑轨

滑轨为装修家具、构造的配套产品，主要分为轨道与滚轮两个组成

图3-89 明装闭门器　　　　　　　　图3-90 暗装闭门器

部分，两者既有分离，又有合并，是家具抽屉或柜门、房间推拉门或折扇门等构造的开关装置。不同门扇的滑轨滑轮形式均有不同，常见的有抽屉滑轨与推拉门滑轨两种。

1）抽屉滑轨

抽屉滑轨是用于各种家具抽屉的开关活动配件，多采用优质铝合金、不锈钢制作。抽屉滑轨由动轨与定轨组成，分别安装在抽屉与柜体内侧两处（图3-91）。新型滚珠抽屉导轨分为二节轨、三节轨两种（图3-92）。

抽屉滑轨常用规格长度有300mm、350mm、400mm、450mm、500mm、550mm，价格为10～50元／套。

选购抽屉滑轨时，首先，观察外表油漆与电镀质地是否光亮，承重轮的间隙是否紧密，它决定着抽屉的灵活度。然后，应该挑选耐磨及转动均匀的承重轮，抽屉能否自由顺滑地推拉，全靠滑轨的承重轮支撑。接着，从滑轨的材料、结构、工艺等方面综合判定产品质量，其中滑轨轨道材质不一，滑轨多为合金质地，高档产品为不锈钢或铜质，而且有普通型与加厚型之分。最后，注重滑轨的轴承与外轮，外轮多为尼龙纤维或全铜质地，铜质滑轮较结实，但拉动时有声音，尼龙纤维质地的滑轮拉动时没有声音，但不如铜质滑轮耐磨。高档品牌的滑轨上还装有防跳装置与磁铁，使用上更为安全。

2）推拉门滑轨

推拉门滑轨是带凹槽的导轨，主要供梭拉门、窗运动的开关使用。推拉门滑轨是由滑轨道（图3-93）与滑轮（图3-94）组合安装于梭拉

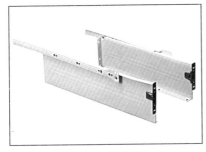

图3-91　滚轮滑轨

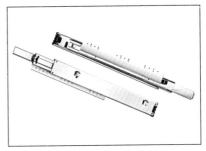

图3-92　滚珠滑轨

图3-93　滑轨道

图3-94　滑轮

图3-95　推拉门滑轨（一）

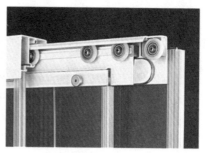

图3-96　推拉门滑轨（二）

门上方的活动构件，滑轨道厚重，滑轮粗大，可以承载各种材质门扇的重量。滑轨道一般采用铝合金、塑钢材料制作，配合吊轮使用。铝合金型材应用比较普遍，塑钢型材在使用中所产生的摩擦噪声相对较低。滑轮一般采用铜或铝合金为原材料，与30mm滑轨配套使用，并在滚轮上包裹橡胶，在使用中能降低噪声（图3-95、图3-96）。

推拉门滑轨常用于衣柜门、梭拉门等。滑轨单根型材的长度规格为1.2~3.6m，截面边长30mm，壁厚1.5mm以上。滑轨的价格为10~30元/m，吊轮的滚轮数量一般为双数，如2、4、6、8等，价格为20~50元/个。

在安装各种滑轨前，需要在柜体或门窗框上部预留凹槽结构，尺寸必须与滑轨相匹配。安装时要牢固连接滑轨与框架构造，使用中适当添加固态润滑油，吊挂门板或构件单体的重量应＜40kg。

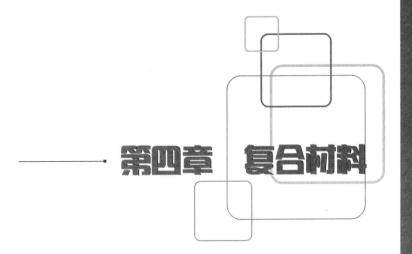

第四章　复合材料

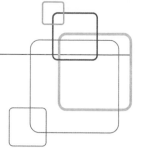

第四章　复合材料

　　复合材料是指由两种或两种以上不同性质的材料，通过物理或化学方法加工而成的新型材料。复合材料具备多种材料的性能优势，能够取长补短，满足各种使用需求。在现代家居装修中，复合材料的使用频率越来越高，能够体现出更高的环保性与耐久性。复合材料主要以坚硬的材料为主要承载体，添加柔软的材料作为补充，使其同时具备强度高、韧性好、防火防潮、品种丰富、价格低廉等多种优势。

一、防火板

　　防火板又被称为耐火板，在家居装修中主要起到防火、装饰的作用。目前，我国政府推广节能、环保材料，市场上也出现了各种各样的新型防火材料，用于家居装修的防火板主要有菱镁防火板、防火装饰板、三聚氰胺板3种。

1. 菱镁防火板

　　菱镁防火板又被称为菱镁板、玻镁板，是采用氧化镁、氯化镁、粉煤灰、农作物秸秆等工农业废弃物，添加耐水、增韧、防潮、早强等多种复合添加剂制成的防火材料。它具备高强、防腐、无虫蛀、防火等木材所没有的特性，能够满足各种装饰设计的需求（图4-1、图4-2）。

　　菱镁防火板具有良好的防火性能，属于A1级不燃板材，火焰持续

图4-1　菱镁防火板（一）

图4-2　菱镁防火板（二）

燃烧时间为零，800℃环境下不燃烧，1200℃环境下无火苗。在家居装修中与轻钢龙骨结合制作成隔墙，耐火极限≥3h，遇火燃烧时能够吸收大量的热能，延迟周围环境温度的升高。在干冷或潮湿的气候里，菱镁防火板的性能比较稳定，不受凝结水珠或潮湿空气的影响，不会变形、变软，不影响正常使用。板材自重轻，密度为0.8～1.2kg／m^3，能够有效减轻装修负荷。菱镁防火板的稳定性好，不变形，具有木材般的韧性，不含石棉、甲醛、苯及有害放射性元素，遇火无烟、无毒、无异味。生产的材料为天然的矿粉和植物纤维，生产过程自然养护，耗能少，无排污物，节能环保，能够调节室内温度，使家居环境更为舒适。菱镁防火板质地均匀、密实，质量稳定可靠，加工安装性能卓越，可贴、裁、钉、钻、漆、刨，搬运方便，韧性优越，不易断裂，安装方便，可以直接涂饰油漆或直接贴面，可以采用湿法或干挂法施工。

　　在家居装修中，菱镁防火板主要用于轻钢龙骨隔墙中的填充材料，带有表面装饰层的型材可以直接用于家具、构造的表面装饰（图4-3、图4-4）。在家居装修中，菱镁防火板可以替代传统指接板、胶合板制作墙裙、门板、家具等，也可以根据需要在表面涂刷各种油漆涂料，还可以与多种保温材料复合，制成保温构造。菱镁防火板的规格主要为2440mm×1220mm，厚度为3～18mm，外观有素板、装饰板多种，其中8mm厚的素板价格为20～30元／张。

　　选购菱镁防火板时，首先，要注意使用部位，要起到防护作用，应该选用具有一定厚度的板材，作为家具表面铺贴，厚度应≥8mm，过

图4-3　菱镁防火装饰板（一）

图4-4　菱镁防火装饰板（二）

薄的板材防火性能较差，仅仅起到装饰作用意义不大。然后，观察板芯质地是否均匀，表面是否平整，劣质板材的板芯孔隙较大且不均衡。接着，用指甲用力刮一下板芯，劣质板材则容易脱落粉末。最后，查看板材包装，优质品牌产品均有塑料薄膜覆盖。

安装菱镁防火板时一定要对固定板材的钉子进行除锈处理，或采用不锈钢钉。因为在菱镁防火板中存在氯盐，氯盐对铁会造成腐蚀，如果采用普通铁钉会出现锈斑，并鼓成包块。此外，板材之间的缝隙应该采用柔性材料填充，如硅酮玻璃胶、防裂纤维布等，能够有效防止板材接缝处产生开裂。

2. 防火装饰板

防火装饰板又称被为防火贴面板，耐火板，是由高档装饰纸、牛皮纸经过三聚氰胺浸染、烘干、高温高压等工艺制作而成，具体构造是由表层纸、色纸、基纸（多层牛皮纸）3层组成。表层纸与色纸经过三聚氰胺树脂成分浸染，使耐火板具有耐磨、耐划等物理性能，多层牛皮纸使耐火板具有良好的抗冲击性、柔韧性。防火装饰板表面的三聚氰胺树脂热固成型后，具有硬度高、耐磨、耐划、耐高温、耐撞击等优势，表面毛孔细小不易被污染，且耐溶剂性、耐水性、绝缘性、耐电弧性良好及不易老化，防火板表面的花纹有极高的仿真性，如纯色、仿木纹、防石材、仿金属等效果，能够起到以假乱真的效果（图4-5、图4-6）。但是，防火装饰板并不是真的不怕火，只是具有一定的耐火性能，外界环境温度一旦超过200℃，板材表面仍会受到破坏。

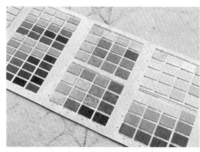

图4-5 防火装饰板样本

图4-6 防火装饰板

在家居装修中，防火装饰板主要用于橱柜等家具表面装饰，采用强力万能胶可以将板材粘贴到基层木芯板、指接板、胶合板等传统板材表面（图4-7、图4-8）。防火装饰板的花色品种繁多，同种品牌的产品样式可以达到50种以上。防火装饰板的规格为2440mm×1220mm，厚度为0.8～1.2mm，其中0.8mm厚的板材价格为20～30元/张，特殊花色品种的板材价格较高。选购防火装饰板时，注意识别板材质量，优质防火装饰板表面应该图案清晰透彻、效果逼真、立体感强，没有色差，表面平整光滑、耐磨。优质板材能自由卷曲2.5圈，展开后仍能保持平整。

选购防火装饰板时，要注意基层板材的甲醛含量不能超标，观察板材断面应该没有缝隙，且平整光滑、密实度较好。

施工时，防火装饰板的安装方式非常简便，无须精确定位裁切，自由裁切面积稍大于粘贴部位的板材，采用强力万能胶将其粘贴至木芯板等木质基层构造表面，粘贴牢固后用锉刀将多出的边缘搓平即可。粘贴后还需采用配套边条修饰板材边缘。比较经济的工艺是将PVC边条粘贴至板材边缘，如果条件允许，可以选购包裹性更好的铝合金或不锈钢装饰线条粘贴。

3. 三聚氰胺板

三聚氰胺板，全称是三聚氰胺浸渍胶膜纸饰面人造板，简称三氰板、生态板、免漆板。它是将带有不同颜色或纹理的纸放入三聚氰胺树脂胶粘剂中浸泡，然后干燥到一定固化程度，将其铺装在木芯板、指接

图4-7　防火装饰板台面

图4-8　防火装饰板柜门

板、胶合板、刨花板、中密度纤维板等板面，经热压而成且具有一定防火性能的装饰板（图4-9、图4-10）。

　　三聚氰胺板一般是由数层纸张组合而成，数量多少根据用途而定。三聚氰胺板一般由表层纸、装饰纸、覆盖纸与基层板等组成。表层纸位于最上层，起到保护装饰纸的作用，使加热加压后的板表面高度透明，板表面坚硬耐磨，洁白干净，浸胶后透明。装饰纸是经印刷成各种图案的装饰纸，位于表层纸的下面，具有良好的遮盖力，浸渍性。覆盖纸位于装饰纸的下部，能够防止底层酚醛树脂透到表面，遮盖基材表面的色泽斑点。以上三种纸张分别浸以三聚氰胺树脂。基层板主要起力学作用，是浸以酚醛树脂胶经干燥而成，生产时可以根据用途或装饰板的厚度确定若干层。三聚氰胺板能使家具外表坚强，制作的家具不必上漆，表面自然形成保护膜，耐磨、耐划痕、耐酸碱、耐烫、耐污染，表面平滑光洁，容易维护清洗。

　　在家居装修中，三聚氰胺板一般用于橱柜或成品家具制作，可以在很大程度上取代传统木芯板、指接板等木质构造材料（图4-11、图4-12）。但是由于表面覆有装饰层，在施工中不能采用气排钉、木钉等传统工具、材料固定，只能采用卡口件、螺钉作连接，施工完毕后还需在板面四周贴上塑料或金属边条，防止板芯中的甲醛向外扩散。三聚氰胺板的规格为2440mm×1220mm，厚度为15～18mm，其中15mm厚的板材价格为80～120元／张，特殊花色品种的板材价格较高。

　　选购三聚氰胺板时，除了挑选色彩与纹理外，主要观察板面有无污

图4-9　三聚氰胺板（一）

图4-10　三聚氰胺板（二）

图4-11 三聚氰胺板家具（一）

图4-12 三聚氰胺板家具（二）

斑、划痕、压痕、孔隙、气泡，尤其是颜色光泽是否均匀，有无鼓泡现象、有无局部纸张撕裂或缺损现象。虽然三聚氰胺本身毒性很小，比较稳定，固化后不会散发甲醛，但是制作家具的三聚氰胺板对空气是否有污染主要取决于三聚氰胺板所使用的基层板材。如果基层板材的甲醛释放量达到环保标准，三聚氰胺是不会加剧材料污染的。如果在选购时能够闻到三聚氰胺板仍有刺鼻的气味，则可以断定基层板材的质量不佳，要谨慎选购。

在施工中，三聚氰胺板的粘贴方式与装饰防火板一致，只是三聚氰胺板较厚，不容易压平，可以采用10mm气排钉固定边角，再用同色腻子适当修补即可。如果三聚氰胺板的贴面出现开裂或破损的现象，可以在破损处放一块湿布，用熨斗烫压，迫使湿气进入贴面，让贴面变得很有韧性而不易碎裂。如果是使用频率较高的台面，可以用360号砂纸将表面打磨平整，均匀涂抹强力万能胶，再在表面粘贴1层三聚氰胺板。

★装修顾问★

三聚氰胺板应用细节

装修污染主要来源于易挥发性材料，如油漆涂料与板材中的胶粘剂，采用三聚氰胺板制作家具或构造，表面无须再涂刷油漆涂料，能够有效避免易挥发性物质。形成构造后，板材自身的密封性也比传统指接板、木芯板强很多，因此，采用这种材料制作的家具污染性小。但是要特别注意，制作家具后要注意严密封边，否则基层板材胶粘剂中的有害物质还是会释放出来的。此外，在日常生活中要保持板面光洁平整，不能用锐器划伤板面，避免表面材质脱落而导致有害物质释放。

二、铝塑复合板

铝塑复合板简称铝塑板，是指以PE（聚乙烯）树脂为芯层，两面为铝材的3层复合板材，经过高温高压一次性构成的复合装饰板材（图4-13、图4-14）。铝塑复合板一般有普通型与防火型两种，普通型铝塑复合板中间夹层如果是PVC（聚氯乙烯），板材燃烧受热时将产生对人体有害的氯气，防火型铝塑复合板中间夹层为阻燃聚乙烯塑胶，呈黑色，而采用氢氧化铝为主要成分（含量达到90%）的芯层，颜色通常为白色或灰白色（图4-15）。

在家居装修中，铝塑复合板一般用于易磨损、受潮的家具、构造外表（图4-16），如毗邻水池或位于阳台的储藏柜外表，也可以用于对平整度要求很高的部位，如大面积电视背景墙、立柱、吊顶。

施工时须在基层制作木芯板，再采用专用胶粘剂粘贴板材，施工时应该注意在铺贴表面预留缩胀缝，缩胀缝的间距应≤800mm，缝隙宽度为3～4mm。板材表面有1层覆膜，待施工完毕后再揭开，板材应该完全平整，边角锐利整齐，无任何弯曲变形。铝塑复合板的规格为2440mm×1220mm，厚度为3～6mm不等，普通板材为单面铝材，又被称为单面铝塑板，厚度以3mm居多，价格为40～50元／张。质地较好的板材多为双面铝材，平整度较高，厚度以5mm居多，其中铝材厚度为0.5mm，价格为100～120元／张。铝塑复合板的外观有各种颜色、纹理，可选择性强。

图4-13　铝塑复合板样本

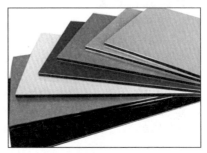

图4-14　铝塑复合板（一）

图4-15 铝塑复合板（二）

图4-16 铝塑复合板橱柜

　　选购铝塑复合板要注意鉴别材料质量，首先，观察板材厚度，板材的四周应该非常均匀，目测不能有任何厚薄不一的感觉，也可以用尺测量板材的厚度是否达到标称的数据。然后，用尺测量板材的长、宽，长度在板宽的两边，宽度在板长的两边，优质板材的对边应该无任何误差。接着，观察板材表面的贴膜是否均匀，优质产品无任何气泡或脱落。最后，如果条件允许，可以揭开贴膜的一角，用360号砂纸反复打磨10次左右，优质产品的表层不应该有明显划伤。

　　在施工中，铝塑板的工艺要求特别严格，基层必须采用优质木芯板制作基层，基层板面平整。铝塑板的裁切应当特别仔细，避免出现任何误差，粘贴铝塑板必须采用铝塑板厂家指定的专用胶粘剂，不能采用普通强力万能胶。板材规格边长一般应≤800mm，厚度达5mm的双面铝塑板可以放宽至1200mm，板材粘贴后应该保持适当的伸缩缝，缝隙宽3～5mm，填充聚氨酯胶封闭。转角部位应该将铝塑板背面切割凹槽，并向切割面折叠成转角，表面形成完整的构造，不应该在转角处留有接缝，否则容易造成开裂或脱落。

★装修顾问★

铝塑板不能用于案台平面铺装

　　虽然铝塑板表面为铝合金型材，但是基层材质仍然是塑料，用于垂直面铺装、覆盖效果不错，但是用于案台平面铺装容易凹陷。因为铝合金板材的强度不及不锈钢与镀锌钢板，且质地较单薄，一旦受到外界压力变形，是不会弹出还原的，而是形成大小不一的凹坑，极大影响案台家具、构造的美观。

三、纸面石膏板

　　纸面石膏板简称石膏板，是以半水石膏与护面纸为主要原料，以特制的板纸为护面，经加工制成的板材。石膏中掺入适量的纤维、胶粘剂、促凝剂、缓凝剂，料浆须经过配制、成型、切割、烘干制成。纸面石膏板具有重量轻、隔声、隔热、加工性能强、施工方法简便的特点。

　　纸面石膏板生产能耗低，生产效率高，且投资少生产能力大，工序简单，便于大规模生产。用纸面石膏板作隔墙，重量仅为同等厚度砖墙的15%左右，有利于结构抗震，并可以有效减少基础及结构主体造价。纸面石膏板板芯60%左右是微小气孔，因空气的导热系数很小，因此具有良好的轻质保温性能。由于石膏芯本身不燃，且遇火时在释放化合水的过程会吸收大量的热，延迟周围环境温度的升高，因此，纸面石膏板具有良好的防火阻燃性能。纸面石膏板采用单一轻质材料，具有独特的空腔结构，具有很好的隔声性能，表面平整（图4-17、图4-18），板与板之间通过接缝处理形成无缝表面，表面可以直接进行装饰。

　　纸面石膏板具有可钉、可刨、可锯、可粘的性能，用于室内装饰，可取得理想的装饰效果，仅需裁制刀便可随意对纸面石膏板进行裁切，施工非常方便，能够提高施工效率。由于石膏板的孔隙率较大，并且孔结构分布适当，所以具有较高的透气性能。当室内湿度较高时，可吸湿，而当空气干燥时，又可放出一部分水分，因而对室内湿度起到一定的调节作用，使居住条件更为舒适。采用纸面石膏板作墙体，墙体厚度

图4-17　纸面石膏板剖面

图4-18　纸面石膏板

★装修顾问★

石膏线条

石膏线条是现代家居装修中流行的装饰材料之一，主要成分为石膏与玻璃纤维，采取模具铸造而成，表面的花形丰富，实用美观，价格低廉，具有防火、防潮、保温、隔声、隔热功能，并能起到较好的装饰效果。石膏线条外观有金色、蓝色、浅绿、褐色等多种，具体花型分现代、古典等多种（图4-19、图4-20）。

石膏线条在家居装修中一般粘贴在房间的顶角上，采用石膏胶粘剂沿着顶面与墙面的转角粘贴，能够轻松营造出空间层次，丰富视觉效果，石膏线条的表面一般涂刷白色乳胶漆，与彩色乳胶漆墙面、家具色彩有所区分。石膏线条的边长规格很多，根据花形品种一般为60~150mm，长度为2.2~3m不等，价格为5元／m左右。

选购石膏线条时要注意鉴别质量。首先，观察图案花纹的深浅程度，一般石膏浮雕装饰产品图案花纹的凹凸应≥8mm，且制作精细。安装完毕后，表面经涂刷乳胶漆后依然能够保持立体感，呈现出很强的装饰效果，如果石膏浮雕装饰产品的图案花纹较浅，只有5~6mm左右，效果就会很差。然后，注意表面光洁度，由于石膏浮雕产品具有图案花纹，在涂刷乳胶漆后不能进行打磨处理，因此对表面光洁度的要求较高。只有表面细腻、手感光滑的石膏浮雕产品在涂刷乳胶漆后才会有好的效果，如果表面粗糙、不光滑，施工后就会造成粗糙感。接着，观察产品的厚薄情况，石膏线条必须具有相应的厚度，一般应≥15mm，从而保证一定的使用年限和在使用期内的完整、安全性。如果石膏浮雕装饰产品过薄，不仅使用年限短，且影响安全。最后，询问价格，与优质石膏浮雕装饰产品的价格相比，低劣的石膏浮雕产品的价格要便宜50%。这一低廉的价格虽对装修业主而言具有极大的吸引力，但往往在安装后会露出缺陷，影响装修效果。

图4-19　石膏线条

图4-20　石膏线条应用

最小可达60mm，且可以保证墙体的隔声、防火性能。

在家居装修中，纸面石膏板主要用于吊顶、隔墙等构造制作，多配合木龙骨与轻钢龙骨为骨架，采用直攻螺钉安装固定（图4-21、图4-22）。石膏板的形状以棱边角为特点，使用护面纸包裹石膏板的边角。普通的纸面石膏板又可分为防火与防水两种，市场上所售卖的型材兼有两种功能。普通纸面石膏板的规格为2440mm×1220mm，厚度有9.5mm与12.5mm，其中9.5mm厚的产品价格为20元／张。

识别纸面石膏板可以在0.5m远处光照明亮的条件下，首先，观察并抚摸表面，表面平整光滑，不能有气孔、污痕、裂纹、缺角、色彩不均和图案不完整现象，纸面石膏板上下两层护面纸应该特别结实（图4-23）。然后，观察侧面，石膏的质地是否密实，有没有空鼓现象，越密实的石膏板越耐用。接着，可以用手敲击，发出很实的声音说明石膏板严实耐用，如发出很空的声音则说明板内有空鼓现象，且质地不好，还可以用手掂分量也可以衡量石膏板的优劣。最后，可以随机找几张板材，在端头露出石膏芯与护面纸的地方用手揭护面纸，如果揭的地方护面纸出现层间撕开，则表明板材的护面纸与石膏芯粘结良好。如果护面纸与石膏芯层间出现撕裂，则表明板材粘结不良（图4-24）。

纸面石膏板的施工方法比较单一，一般都由自攻螺钉将其固定在轻钢龙骨或木龙骨上。具体施工方法如下。首先，纸面石膏板搬运至施工现场后应摊开放置7d左右，让板材适应施工现场的环境湿度，在需要安装石膏板隔墙或吊顶的部位放线定位，采用轻钢龙骨或木龙骨制作基础

图4-21　石膏板隔墙

图4-22　石膏板吊顶

图4-23　抚摸石膏板表面

图4-24　揭开石膏板纸面

骨架，骨架间距一般为300～400mm。然后，对木龙骨涂刷防火涂料，根据需要预先安装电路与隔声层，隔声材料应该铺装平整，厚度不应该超过龙骨的宽度。接着，根据隔墙或吊顶尺寸将纸面石膏板裁切，采用自攻螺钉从下向上安装，螺钉穿透石膏板固定至龙骨上，螺钉的间距为150～200mm，石膏板之间的接缝保留3～5mm。最后，采用防裂胶带将石膏板的接缝粘贴封闭，对自攻螺钉的钉头涂刷防锈漆，采用240号砂纸打磨表面。待上述工序都完成后即可对纸面石膏板板面进行乳胶漆或其他材料装饰施工。

四、吸声材料

吸声材料是现代家居装修的必备材料，是提升生活品质的重要组成部分。声音主要通过空气传播，吸声板的主要功能是在板材中存在大量孔洞，当声音穿过时在孔洞中起到多次反射、转折，声能量促使吸声板的软性材料发生轻微抖动，最终将声能转化成动能，达到降低噪声的作用。吸声板的品种很多，主要产品包括岩棉吸声板、聚酯纤维吸声板、布艺吸声板、吸声棉、隔声毡等多种。

1. 岩棉吸声板

岩棉装饰吸声板是以天然岩石如玄武岩、辉长岩、白云石、铁矿石、铝矾土等为主要原料，经高温熔化、纤维化而制成的无机质纤维板，密度60～130kg／m³，防火温度为80℃，具有质量轻、导热系数小、吸热、不燃的特点，是一种新型的保温、隔燃、吸声材料（图

4-25、图4-26）。

岩棉吸声板具有优良的隔声与吸声性能，其吸声机理是板材本身有多孔性结构，当声波通过时，由于流阻的作用产生摩擦，使声能的一部分为纤维所吸收，能够有效阻碍声波传递。岩棉吸声板的绝热性能良好，其燃烧性能取决于其中可燃性胶粘剂的含量，但是板材本身属于无机质硅酸盐纤维，不可燃，只是在加工过程中，需要加入胶粘剂，这些会对板材燃烧性能产生一定影响（图4-27、图4-28）。

岩棉吸声板的规格为1000mm×600mm、1200mm×600mm、1200mm×1000mm，厚度10～120mm不等，用于装修施工中的产品厚50mm左右，表面无覆膜的板材价格为20～30元／m²。

岩棉吸声板属于软质材料，无论产品是否存在表层覆膜，外部都需要保护层，如用于填充隔墙时，纸面石膏板即是保护层；用于家具或砖墙覆面时，须采用胶粘剂或粘接砂浆与基层结合，再用麻丝网或网格布覆盖后采用水泥砂浆找平；用于户外庭院隔墙时，应该选用表面覆有彩

图4-25　岩棉

图4-26　岩棉板

图4-27　岩棉吸声板（一）

图4-28　岩棉吸声板（二）

色涂层钢板的复合产品，须对软质板芯起保护作用。

选购岩棉吸声板时，要注意鉴别产品质量。首先，优质产品的颜色应该一致，不能有白黄不一的现象。然后，观察板材的侧面，其胶块是否分布均匀，如果没有胶块则属于不合格岩棉吸声板产品。接着，注意查看板材中是否含有矿渣，优质产品看不出很多的较大矿渣，如果矿渣杂质没有被处理掉，则说明产品质量不高。作为消费者千万别选购这些产品。最后，认清产品的品牌与生产厂家，可以上网查看其知名度与产品质量体系认证。

在装修施工中，岩棉吸声板主要用于石膏板吊顶、隔墙的内侧填充，尤其是填补龙骨架之间的空隙，或用于家具背部、侧面覆盖，对于隔声要求较高的砖砌隔墙，也可以挂贴在其表面后再采用水泥砂浆找平。由于岩棉吸声板属于纤维制品，为了防止纤维脱落，成品板材表面会胶贴一层结膜层，如铝箔等，能够有效防止板材松散、脱落。

2. 聚酯纤维吸声板

聚酯纤维吸声板是将聚酯纤维经过热压，形成致密的板材。在生产过程中，其密度可以实现多样性，满足各种通风、保温、隔声的设计需要，是现代吸声与隔热材料中的优秀产品。在使用过程中，可以缩短并调节混响时间，清除声音杂质，提高声音传播效果，改善声音的清晰度。聚酯纤维吸声板具有装饰、保温、环保、体轻、易加工、稳定、抗冲击、维护简便等特点，是现代家居装修首选的吸声材料（图4-29、图4-30）。

图4-29　聚酯纤维吸声板

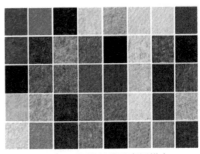

图4-30　聚酯纤维吸声板样本

聚酯纤维吸声板的吸声系数随频率的提高而增加，高频的吸声系数很大，其后背留空腔以及用它构成的空间吸声体可以大大提高材料的吸声性能。它还具有隔热保温的特性，具有多种颜色，可以拼成各种图案，表面压印形状有平面、方块、宽条、细条等多种，板材可弯成曲面形状，能够使室内体形设计更加灵活多变，富有效果，甚至可以将图形、图案通过打印机打印在聚酯纤维吸声板上。

聚酯纤维吸声板适用于对隔声要求较高的住宅空间，如书房、卧室等室内墙面铺装（图4-31），为了满足保洁要求，板材表面通常须包裹一层装饰面料，面料反折至板材背后采用强力胶粘贴到木芯板基层上。聚酯纤维吸声板还可以由平整型材加工成立体倒角样式，加工工艺简单，可在施工现场操作，满足不同的装修风格（图4-32）。

聚酯纤维吸声板的规格为2440mm×1220mm，厚度为5mm和9mm，其中9mm厚的产品价格为100~150元／张。此外，市场上还有成品立体倒角板材或压花板材销售，具体规格与图案可以定制生产，具体价格折合成面积后与平板产品相当。

聚酯纤维吸声板的质量差异不大，在选购时注意板材表面的手感，优质产品应当比较细腻、柔和，不应该有较明显的毛刺感，板材的软硬度适中，抬起板材一端时不发生折断即可。

聚酯纤维吸声板的施工才是保证装饰效果的重点，切割板材时应该采用优质的美工刀片，尤其加工成倒角型材难度较大，应采用专用倒角模具刨切，不能随意裁切。粘贴板材时应该根据粘贴基面而选择不同类

图4-31 聚酯纤维吸声板应用

图4-32 倒角聚酯纤维吸声板

型的胶粘剂，水泥或木质基层应该选择以氯丁橡胶为原料的无苯万能胶或白乳胶，纸面石膏板基层在不易受潮的前提下，可以选用白乳胶或以纤维素为原料的壁纸胶，刷胶粘贴后应该立即用纹钉固定，以避免胶水未干板面移动错位，在容易或可能受潮的前提下，可以选用强力万能胶。

3. 布艺吸声板

布艺吸声板是指在质地较软的离心玻璃棉表面覆盖防水铝毡与软织物饰面，采用树脂固化边框或木质封边而成，具有装饰、吸声、减噪等多功能作用（图4-33、图4-34）。布艺吸声板的基层板的环保标准应该达到E1级。布艺吸声板吸声频谱高，对高、中、低的噪声均有较佳的吸声效果。具有防火、无粉尘污染、装饰性强、施工简单等特点，具备多种颜色与图案可供选择，也可以由装修业主提供饰面布料加工生产，还可以根据声学装修或业主要求，调整饰面布、框的材质。

在家居装修中，布艺吸声板的使用频率会更高些，常用于客厅、卧室、书房等空间的背景墙（图4-35、图4-36）。

图4-33 布艺吸声板

图4-34 布艺吸声板内部

图4-35 布艺吸声板应用（一）

图4-36 布艺吸声板应用（二）

成品布艺吸声板的规格为1200mm×600mm、600mm×600mm、600mm×300mm，厚度为25mm或50mm。厚25mm的布艺吸声板价格为120~160元／m²。

选购布艺吸声板时，除了关注面料的色彩、图案以外，还应该注意基层材料是否达到环保标准，表面手感应该均匀，富有一定的弹性，过软、过硬都会影响隔声效果，不少廉价板材的面料很光滑，但是内部材料的质地却很差。

在施工过程中，由于家居装修的使用面积不大，除了购买成品板材外，很多施工员现场制作布艺吸声板，常以15mm厚的木芯板或9mm厚的胶合板作为基层，表面粘贴聚酯纤维吸声棉或海绵，外部包裹布艺面料，将面料反折至板材背后，采用马口形气排钉固定，最后将板块粘贴或钉接至墙面。

4. 吸声棉

吸声棉是一种人造纤维材料，主要有玻璃纤维棉与聚酯纤维棉两种。玻璃纤维棉采用石英砂、石灰石、白云石等天然矿石为主要原料，配合纯碱、硼砂等材料熔成玻璃，在融化状态下借助外力吹制成絮状细纤维，纤维之间为立体交叉状，彼此互相缠绕在一起，呈现出许多细小的间隙（图4-37~图4-39）。聚酯纤维棉由超细的聚酯纤维组成，具有立体网状多孔结构，从而形成更多相互连接的孔隙，在摩擦、损耗等作用下，其声能被转化为热能从而使声音被有效地加以抑制，也使得环保聚酯纤维吸声棉具有了比传统玻璃纤维棉、岩棉等材料更优越的吸声

图4-37　玻璃纤维吸声棉（一）

图4-38　玻璃纤维吸声棉（二）

图4-39 玻璃纤维吸声棉（三）

图4-40 聚酯纤维棉

图4-41 聚酯纤维吸声棉（一）

图4-42 聚酯纤维吸声棉（二）

性能。目前，在家居装修中使用最多的是聚酯纤维吸声棉（图4-40~图4-42）。

目前，在聚酯纤维吸声棉的基础上还研发了梯度吸声棉，它属于聚酯纤维隔声棉的一种，生产时使用100%聚酯纤维，利用热处理方法实现密度多样化，采用层状叠压，严格控制叠压的压力，从而生成密度呈阶梯状，从手感上反应出来的性状为其层与层之间软硬度成渐递结构。除了能达到普通聚酯纤维吸声棉消除说话声等中高频声音的局限，还能吸收电器、家具、墙地面、鞋底震动产生的低频噪声。梯度吸声棉在现代家居装修中应用较多，主要用于石膏板吊顶、隔墙的内侧填充，尤其是填补龙骨架之间的空隙，或用于家具背部、侧面覆盖，对于隔声要求较高的砖砌隔墙，也可以将聚酯纤维吸声棉挂贴在其表面，再采用水泥砂浆找平。

聚酯纤维吸声棉一般成卷包装，密度为12kg/m³，宽1m，长10m或20m，厚度20~100mm不等，用于装修施工中的产品厚50mm左右，价格为15~20元／m^2。

选购吸声棉，要注意鉴别产品的质量。首先，优质产品的颜色应该为白色，不能有白、灰不一的现象。然后，观察侧面，其层次是否分布均匀，如果纤维的厚薄不均则说明质量不高。接着，注意查看板材中是否含有较硬的杂质，优质的产品不应该有任何杂质。最后，认清产品品牌与生产厂家，可以上网查看其知名度与产品质量体系认证等情况。

在施工过程中，吸声棉可以直接布设在石膏板隔墙或吊顶中，布设时应该均衡，不能填塞过紧。在石膏板隔墙中可以先固定其中的一面石膏板，采用强力万能胶将吸声棉粘贴至石膏板隔墙内部，再封闭另一面石膏板。如果布设在吊顶中，可以安装一块石膏板铺设一块隔声棉。

5. 隔声毡

隔声毡是一种质地较软且单薄的高密度隔声材料，品种较多，基材主要有沥青、橡胶、三元乙丙、聚氯乙烯、氯化聚乙烯等多种（图4-43、图4-44）。隔声毡在生产过程中会加入填料，普遍使用的填料包括金属粉末、石英粉末等，目的是为了增加隔声毡的密度，从而达到增加隔声效果。填料的添加要控制比例，否则会导致隔声毡失去弹性和韧性。为了增强隔声毡的弹性、黏性、韧性、防火性能及抗撕裂强度等物理性能，生产过程中还要加入添加剂，添加剂不但会影响隔声毡的物理性能，还会对环保性能产生重要的影响，因为有的添加剂是有毒的。

隔声毡的生产工艺与其他塑胶卷材，如防水卷材、塑胶地板的生产工艺相同。早期的隔声毡大多以沥青为基材，加入铅粉以提高材料的密度。但是沥青与铅粉对人体均有一定毒害，因此，现在多采用三元

图4-43　隔声毡（一）

图4-44　隔声毡（二）

乙丙、聚氯乙烯为基材，加入铁粉或重质矿物粉末，这类隔声毡具有质轻、超薄、柔软、拉伸强度大等特点。施工方便、成本低，易于安装，易于切割，可以根据需要切割成各种尺寸，在安装时无须特殊工具。可以用美工刀裁剪，粘贴于钢板、石膏板和木工板等材料表面均可。聚氯乙烯能阻燃、防潮、防蛀，最重要的特点是材料环保、内阻尼大，由于板面密度较大，自身不易产生振动，附着在单板上也可以阻止单板的振动，从而使得噪声失去传播的可能，最终达到隔声的效果。

★装修顾问★

吸声材料与隔声材料的区别

除了吸声材料外，市场上还有很多隔声材料在销售。在此要特别注意区别。

吸声材料对入射噪声的反射很小，噪声很容易进入并穿过吸声材料，吸声材质应该多孔、疏松、透气，通常是采用纤维、颗粒、发泡状材料形成多孔性结构，彼此互相贯通，具有一定的透气性。当噪声到达多孔材料表面时会引起微孔中的空气振动，将一部分声能转化为动能，从而起到吸声的作用。

隔声材料的工作原理是减弱透射噪声，阻挡噪声的传播，材质厚重且密实。隔声材料的材质要求是密实无孔隙或缝隙，重量较高。由于这类隔声材料密实，难于吸收噪声，且反射能力强，因此它的吸声性能较差。

但是吸声材料与隔声材料可以在装修中配合使用，装饰构造面层采用隔声材料，如木纤维装饰板（图4-45）等，装饰构造中间采用吸声材料，如聚酯纤维板（图4-46）等，这样能够大幅度提高减弱噪声的效果。

图4-45 木纤维装饰板

图4-46 聚酯纤维板

在现代家居装修中，隔声毡由于比较薄，可塑性强，因此使用频率很高，一般可以用于石膏板隔墙、吊顶的基层铺设，砖砌隔墙的基层铺设，家具、地板、构造的基层铺设，排水管道外围包裹等。

隔声毡以卷材形式包装销售，规格长度为5m或10m，宽度为1m，厚度为1.2mm、2mm、3mm 3种，颜色多为黑色，其中厚2mm的产品价格为30~40元／m²，密度为3.6kg／m²。施工时用美工刀裁剪成合适的大小、形状，无自粘胶型产品与其他材料复合时应该在材料表面均匀涂刷强力万能胶，粘贴于墙壁时，材料接缝处需要搭接宽度应≥50mm，夹在两层板材之间时，接缝处应该对齐。隔声毡单独使用时需要辅助框架固定，并保证接缝粘贴严密（图4-47），用于管道包裹时，配合吸声棉使用，隔声效果会更好（图4-48）。

选购隔声毡要注意鉴别产品质量，它直接影响最终的隔声效果。首先，观察隔声毡的密度，密度越高的材料隔声效果越好，厂家往往要添加铁粉来增加材料密度，可以用美工刀将隔声毡割下一个角，对着阳光或强烈的灯光观察切割断面，优质产品即可看到晶莹的铁粉颗粒。如果断面受潮，过几天后会呈现出暗红色的锈迹。然后，感受隔声毡的弹性与韧性，优质的隔声毡不但密度要高，还要韧性强。可以将隔声毡对折后用力按压，松开后折过的部位如果没有折痕或变形，且表面平整如新，则说明质量不错，劣质产品会轻易发生折断或翘起变形的现象。接着，用力拉扯隔声毡，优质的产品不借助刀具是不容易撕裂的，而劣质产品则很容易断裂。最后，可以多比较不同商家的产品，认清产品的品牌与生产厂家，可以上网查看其知名度与产品质量体系认证等情况。

图4-47　隔声毡墙面安装

图4-48　隔声毡管道包裹

在施工中，一般将隔声毡包裹在需要隔声的构造表面，如排水管道、通风管道等部位，将噪声源完全封闭。包裹后的隔声毡可以采用宽胶带粘贴牢固。对于噪声较大的排水管道可以包裹3~5层，如果只是粘贴在家具内壁或构造夹层中，包裹或覆盖1~2层即可。

★装修顾问★

波峰棉

波峰棉又名波浪棉、鸡蛋棉，是吸声棉中的一种，是经过设备特殊处理形成一面凸凹波浪形的吸声板材。波峰棉内具有大量内外联通的孔隙与气泡，当声波入射到其中时，可以引起空隙中空气的振动，使相当一部分声能转化成热能与动能而被消耗。波峰棉的吸声效果与开孔大小、棉板厚度有着重要的关系，开孔过大或过小都会没有吸声效果，另外太薄的棉板只能吸收一小部分声音。波峰棉无毒、无味、环保卫生，是理想的室内隔声、吸声、音频反射材料。波峰棉又分为普通型与防火型两种产品，普通型为彩色产品，如红色、黄色、蓝色等，而防火型产品一般为黑色或白色（图4-49、图4-50）。

波峰棉以往广泛应用于录音棚、录音室、KTV、会议厅、演播厅、影剧院等公共空间室内装饰，现在也开始进入家居住宅空间，适用于吊顶、隔墙中预埋安装，能有效降低噪声的污染。波峰棉的常用规格为3000mm×1500mm，厚30~100mm，其中厚50mm的产品价格为20~25元／m²。波峰棉的厚度是两张波峰棉重合后的厚度，单张的厚度一般为重合厚度的80%左右。波峰棉的吸声效果与厚度、密度成正比，可以根据实际用途选择厚度。施工时采用强力万能胶均匀地涂在波峰棉背面与基层板材或墙面上，等胶水80%干时，将波峰棉平铺上去，稍微用力按压即可。

图4-49　波峰棉（一）

图4-50　波峰棉（二）

五、水泥板

　　水泥板是以水泥为主要原材料加工生产的一种建筑平板，是一种介于石膏板与石材之间、可以自由切割、钻孔、雕刻的建筑产品，以其优于石膏板、木板、石材的特性，具有一定的防火、防水、防腐、防虫、隔声等性能，但是价格远低于石材，是一种目前比较流行的家居装修材料。

　　水泥板种类繁多，按档次主要分为普通水泥板、纤维水泥板、纤维水泥压力板等几种。普通水泥板是普遍使用的产品，主要成分是水泥、粉煤灰、沙子，价格越便宜水泥用量越低，有些厂家为了降低成本甚至不用水泥，造成板材的硬度降低（图4-51）。纤维水泥板又被称为纤维增强水泥板，与普通水泥板的主要区别是添加了各种纤维作为增强材料，使水泥板的强度、柔性、抗折性、抗冲击性等大幅提高。添加的纤维主要有矿物纤维、植物纤维、合成纤维、人造纤维等（图4-52～图4-54）。

图4-51　普通水泥板

图4-52　纤维水泥板

图4-53　纤维水泥板应用（一）

图4-54　纤维水泥板应用（二）

纤维水泥压力板是在生产过程中由专用压机压制而成，具有更高的密度、防水、防火、隔声性能更高，承载、抗折、抗冲击性更强，其性能的高低除了原材料、配方、工艺以外，主要取决于压机的压力大小。

在现代家居装修中运用较多的是纤维水泥板，其中加入细碎木屑与木条，又被称为木丝纤维水泥板。它主要由水泥作为胶粘剂，细碎木屑与木条作为纤维增强材料，加入部分添加剂所压制而成的板材，颜色清灰，与水泥墙面一致，双面平整光滑，属于环保型绿色板材（图4-55、图4-56）。木丝纤维水泥板中含有70%水泥、20%矿化木质纤维、9%水分与1%的胶粘剂，它结合了木材的强度、易加工性与水泥经久耐用的特性，实用性广、性能优异，具有耐腐、耐热、防火、防虫，易加工，与水泥、石灰、石膏配合性好，绿色环保等多种优点。在施工与使用中，板材受潮浸泡不分层，稳性均一，可以切割、刨平、打磨、钻孔、穿线，并可以用铁钉或螺丝钉固定。

在现代家居装修中，木丝纤维水泥板的使用可以营造出独特的现代风格，一般铺贴在墙面、地面、家具、构造表面，同时可以用在卫生间等潮湿环境。木丝纤维水泥板的规格为2440mm×1220mm，厚度为6～30mm，特殊规格可以预制加工，厚10mm的产品价格为100～200元／张。

目前，水泥板产品属于比较流行的装饰材料，全国各地很多厂家都在生产，产品价格相差悬殊。许多厂家甚至将普通水泥板或硅酸钙板冒充木丝纤维水泥压力板销售，选购时要注意识别。首先，关注板材的密

图4-55　木丝纤维水泥板

图4-56　木丝纤维水泥板应用

度，板材的质量与密度密切相连，可以根据板材的重量来判断，优质水泥压力板的密度为1800kg／m³，具体数据可以对照产品标签，较次的产品密度要低一些，为1500～1800kg／m³之间，硅酸钙板的密度为1200kg／m³左右。然后，观察板材的质地，应该平整坚实，可以采用0号砂纸打磨板材表面（图4-57、图4-58），优质产品不应该产生太多粉末，伪劣产品或硅酸钙板的粉末较多。接着，可以询问商家有无特殊规格，一般厂家只生产厚6～12mm的板材，不能生产超薄板与超厚板产品，则说明生产条件有限，很难生产出优质产品。最后，可以多比较不同商家的产品，认清产品的品牌与生产厂家，可以上网查看其知名度与产品质量体系认证等情况。

　　在施工中，水泥板的操作十分方便，钉子的吊挂能力好，手锯就可以直接加工。除了材料本身，在施工过程中可以不用制作基层板，直接可以固定在龙骨上或者墙面上，小块板材造型可以使用强力万能胶粘贴，大块板材须先用1mm的钻头钻孔，然后用射钉枪固定，喷1～2遍的水性哑光漆，待干即可。为了协调板材与基层材料的缩胀性差异，在安装时要适当保留缝隙，缝隙间距应≤800mm。

图4-57　水泥板表面质地

图4-58　水泥板样本打磨

六、复合墙板

复合墙板是指采用多种材料加工而成的成品室内隔墙板，这类板材的综合性能优异，在家居装修中可以取代传统的砖砌隔墙与石膏板隔墙，施工快捷，强度较高，是现代装修的流行材料。复合墙板主要有以下几种。

1. GRC空心轻质隔墙板

GRC空心轻质隔墙板又被称为玻璃纤维增强水泥条板，是一种以低碱特种水泥、膨胀珍珠岩、耐碱玻璃涂胶网格布、专用胶粘剂与添加剂配比而成的新型轻质隔声隔墙板，板材截面呈圆孔或方孔（图4-59）。它将轻质、高强、高韧性和耐水、非燃、易于加工集一体。GRC空心轻质隔墙板的重量为黏土砖的20%左右，其性能相当于传统24砖墙。GRC空心轻质隔墙板的耐水、防潮、防水、抗震性能均优于石膏板及硅钙板，施工特点在于安装速度快，易于操作。

目前，我国大量的GRC轻质隔墙板主要有平板与空心条板两类，其中GRC轻质空心条板的成型绝大多数采用平模浇注法，少数采用成组立模法。在施工中可锯、可钉、可钻，可采取干法作业。主要用于室内非承重内隔墙，适用于高层住宅建筑中的分室、分户，可以用于卫生间、厨房、书房等非承重部位的隔墙（图4-60）。

GRC空心轻质隔墙板的规格为长2.5~3mm，宽度600mm、900mm、1200mm，厚60mm与90mm。其中厚90mm的墙板价格为

图4-59 GRC空心轻质隔墙板

图4-60 GRC空心轻质隔墙板安装

$40 \sim 60$元 / m^2。

2. 轻质复合夹芯墙板

轻质复合夹芯墙板是一种全新的承重型保温复合板，是以高强度水泥为胶凝材料作面层，以耐碱玻璃纤维网格布、无纺布增强，以水泥、粉煤灰发泡为芯体，经过生产流水线浇注、振动密实、整平，复合而成的高强、轻质、结构独特的保温轻质墙板（图4-61～图4-63）。轻质复合夹芯墙板的综合性能达到现代建筑、装修行业的领先水平。

轻质复合夹芯墙板质量轻，由于板中间用聚苯乙烯代替，与同体积的混凝土楼板及墙板比较，其质量约减轻50%左右，具有较高的刚度和强度，耐火保温且耐久性好。轻质复合夹芯墙板中的阻燃型聚苯乙烯起到了保温作用，而混凝土对钢筋的锈蚀起到了保护作用。轻质复合夹芯墙板一般为工厂化生产，根据房间尺寸的设计进行分块、编号，由工厂制作，具有保温、隔热、隔声、防渗、防火性能，可以满足住宅节能50%的要求。由于该板的质量轻，减小了地震作用，对抗震是有利的。

轻质复合夹芯墙板可锯、可钉、可钻、可任意切割，随意制造建筑格局。施工快速，采用干法作业，安装简单方便，比砌块墙体快6倍以上，可大大缩短工期。板材表面装饰性能好，平整度高，填缝后可以直接贴壁纸、墙砖及喷涂。墙板材料不含有毒、有害物质，且利废节能属国家推广发展的绿色产品。

轻质复合夹芯墙板主要用于室内非承重内隔墙或墙体保温层，适用于高层住宅建筑中的分室、分户，可用于卫生间、厨房、书房等非承

图4-61　轻质复合夹芯墙板样本

图4-62　轻质复合夹芯墙板（一）

图4-63　轻质复合夹芯墙板（二）

图4-64　轻质复合夹芯墙板安装

重部位的隔墙（图4-64）。轻质复合夹芯墙板的规格长度为2500mm与3000mm，宽度为600～1200mm，厚度为60～120mm，特殊应用也可以根据实际环境来定制。其中厚60mm的墙板价格为40～50元／m²。

在施工中应该注意，轻质复合夹芯墙板外的抹灰厚度应≤25mm，否则受气候影响又会产生龟裂现象。在墙板上作涂料时，可以粘结一层聚苯板，厚约30mm，聚苯板质轻，接缝容易封平，避免产生开裂现象。

3. 泰柏板

泰柏板是一种新型建筑材料，选用强化钢丝焊接成立体构架，以阻燃型聚苯乙烯泡沫板或岩棉板为板芯（图4-65、图4-66），两侧均配ϕ2mm的冷拔钢丝网片，钢丝网目为50mm×50mm，钢丝斜插过芯板焊接而成，是目前取代轻质墙体最理想的材料。泰柏板的自重轻，厚75mm的板材重量为3.8kg／m²，砂浆抹面后仅8kg／m²，较用砖墙

图4-65　泰柏板（一）

图4-66　泰柏板（二）

减轻约70%。除了强度高、耐火、隔热、防震、保湿、隔声性好（图4-67、图4-68）以外，泰柏板还具备抗潮湿、抗冰冻融化，运输方便、无损耗，施工简单，施工周期短等优点，能在表面作各种装饰，如涂料、面砖、墙纸、瓷砖等。

泰柏板适用于家居室内隔墙、围护墙、保温复合外墙，规格为2440mm×1220mm×75mm，此外，还有不同厂家提供其他规格，价格为20～30元／m²。

在施工时应该注意，基层抹灰采用25～30mm厚的C25细石混凝土，可以增加其强度和整体刚度。抹底层细石混凝土时应用木抹子反复揉搓，使细石混凝土基层密实，墙面应该粗糙，厚度以覆盖附加网片为宜。

4. 轻质加气混凝土板

轻质加气混凝土板即ALC板，是一种高性能蒸压轻质加气混凝土板材。它是以粉煤灰或硅砂、水泥、石灰等为主要原料，经过高压蒸汽养护而成的多气孔混凝土成型板材，其中板材需经过处理的钢筋增强，既可以作墙体材料，又可以作屋面板，是一种性能优越的多功能板材。轻质加气混凝土板具有容重轻、强度高、保温隔热性强、隔声性较强、耐火性强、耐久性高、抗冻性好、抗渗性好、软化系数高、施工方便、造价低、表面质量好、不开裂、吊挂物体方便不开裂等特点（图4-69、图4-70）。

使用轻质加气混凝土板应该预先作科学合理的节点设计，熟悉安装方法，在保证节点强度的基础上确保墙体在平面外的稳定性、安全性。

图4-67　泰柏板安装

图4-68　泰柏板抹灰

图4-69 轻质加气混凝土板

图4-70 轻质加气混凝土板安装

在家居装修中用作室内内外隔墙板,或户外附属建筑(如工具间、车库等)的屋面板。轻质加气混凝土板的常用规格为3000mm×600mm,厚50~175mm,其中厚100mm的产品价格为50~60元/m²。

施工时应该注意,先在条板的上端及侧面,涂刮专用胶粘剂,将条板竖起直立,端用撬棍垫起,扶稳,再用托线板校正,调整后用力向侧面挤压,使条板接触面的胶粘剂均匀一致,最后用撬棍从下端撬紧,使条板上端与楼板底部预先刮的胶粘剂部位重合、粘紧,养护3d即可。

5. 复合墙板施工

复合墙板虽然品种较多,但只是材料的品种不同,其外观规格、形态却基本一致,因此在施工方法上存在共性,下面介绍复合墙板用于室内隔墙的通用施工方法。

1)施工方法

首先,清理墙板施工界面,将镶嵌墙板的4边找平,预制钢筋或其他预埋件,并进行放线定位。

其次,根据放线规格选配墙板,墙面两端应该选用完整的墙板,中间镶嵌经过裁切的板材,将墙板镶嵌至建筑框架中。

再次,采用1:2.5的水泥砂浆砌筑、填补墙板缝隙,采用防裂纤维网封闭缝隙,并作基层抹灰找平。

最后,在基层抹灰表面整体挂贴钢丝网,采用1:2水泥砂浆覆盖找平,养护7d以上即可作后期装饰。

2)施工要点

施工前应使用水平仪将水平基点引到墙的四角,并标出所引出的水平点与±0.000标高，作精确放线定位（图4-71）。如果基础不平整可以用1∶2.5水泥砂浆或C20细石混凝土找平。四周界面预埋 ϕ15mm的连接钢筋，间距为600mm左右，插入至基础中的深度与露出长度应相当，一般应≥250mm。复合墙板的施工高度一般应≤4800mm，竖向墙板应尽量交错，相邻横缝不应在统一水平线上，交错应达到≥30%的墙板高度。

施工的前一天要对墙板与基础湿水，墙板之间的缝隙一般为20～30mm，对于墙板无法覆盖的边角或缝隙可以采用粉煤灰砖或灰砂砖砌筑填补。墙体转角处应该用砖砌筑立柱或浇筑C20细石混凝土立柱。

为了防止墙缝开裂，一定要在缝隙表面覆盖防裂纤维网或钢丝网，及时进行抹灰找平并清扫墙面（图4-72）。勾缝时不要将砖缝内的砂浆刮掉，而是要用力将砂浆向灰缝内挤压，将瞎缝或砂浆的不饱满处填满。勾缝时要掌握好时机，待砂浆干燥到70%后进行，否则砂浆容易被挤压到墙面上，造成墙面污染。如果等到砂浆完全结硬再勾缝，缝口则显得粗糙，影响外观质量。

图4-71　放线定位

图4-72　抹灰找平

参考文献

［1］黄见远. 实用木材手册［M］. 上海：上海科学技术出版社，2012.

［2］孔宪明. 建筑用轻质板材标准手册［M］. 北京：中国标准出版社，2010.

［3］陈海涛. 塑料板材与加工［M］. 北京：化学工业出版社，2013.

［4］轻型板材设计手册编辑委员会. 轻型板材设计手册［M］. 北京：中国建筑工业出版社，2009.

［5］李维斌. 国内外建筑五金装饰材料手册［M］. 南京：江苏科学技术出版社，2008.

［6］于民治，张超. 钢材产品手册［M］. 北京：化学工业出版社，2011.

［7］张伟，郝晨生. 金属材料［M］. 长沙：中南大学出版社，2010.

［8］祝燮权. 实用五金手册［M］. 上海：上海科学技术出版社，2006.

阅读调查问卷

　　诚恳邀请购书读者完整填写以下内容，填写后用手机将以下信息、购书小票、图书封面拍摄成照片发送至邮箱：jzclysg@163.com，待认证后即有机会获得最新出版的家装图书1册。

姓名：＿＿＿＿＿　性别：＿＿＿＿　年龄：＿＿＿＿　学历：＿＿＿＿＿

年收入：＿＿＿＿　电子邮箱：＿＿＿＿＿＿＿＿　ＱＱ：＿＿＿＿＿

邮寄地址：＿＿＿＿＿＿＿＿＿＿＿＿＿＿＿＿＿＿＿＿＿＿＿

您认为本书文字内容如何：□很好　□较好　□一般　□不好　□很差

您认为本书图片内容如何：□很好　□较好　□一般　□不好　□很差

您认为本书排版样式如何：□很好　□较好　□一般　□不好　□很差

您认为本书定价水平如何：□昂贵　□较贵　□适中　□划算　□便宜

您希望单册图书定价多少：□20元以下　□20～25元　□25～30元

□30～35元　□35～40元　□40～45元　□45～50元　□50元以上

您认为本书哪些章节最佳：□1章　□2章　□3章　□4章

您希望此类图书应增补哪些内容（可多选或填写）：

□案例欣赏　□理论讲解　□经验总结　□材料识别　□施工工艺

□行业内幕　□国外作品　□消费价格　□产品品牌　□厂商广告

其他：＿＿＿＿＿＿＿＿＿＿＿＿＿＿＿＿＿＿＿＿＿＿＿

请您具体评价一下本书，以便我们提高出版水平（100字以上）：

＿＿＿＿＿＿＿＿＿＿＿＿＿＿＿＿＿＿＿＿＿＿＿＿＿＿＿＿＿

＿＿＿＿＿＿＿＿＿＿＿＿＿＿＿＿＿＿＿＿＿＿＿＿＿＿＿＿＿

＿＿＿＿＿＿＿＿＿＿＿＿＿＿＿＿＿＿＿＿＿＿＿＿＿＿＿＿＿

＿＿＿＿＿＿＿＿＿＿＿＿＿＿＿＿＿＿＿＿＿＿＿＿＿＿＿＿＿

＿＿＿＿＿＿＿＿＿＿＿＿＿＿＿＿＿＿＿＿＿＿＿＿＿＿＿＿＿